国家自然科学基金地区科学基金项目（51964036）
内蒙古自治区自然科学基金项目（2019LH05004）
内蒙古自治区高等学校科学研究项目（NJZY20093）
内蒙古科技大学创新基金项目（2019QDL-B31）

神东矿区重复采动巷道塑性区演化规律及稳定控制

吴祥业 / 著

中国矿业大学出版社
·徐州·

内容提要

本书以神东矿区重复采动巷道为工程背景开展巷道塑性区演化规律及稳定控制研究，主要内容包括国内外研究现状综述、重复采动巷道围岩应力动态分布规律研究、重复采动巷道围岩塑性区演化规律研究、重复采动巷道围岩塑性区演化机理及塑性破坏深度主控因素显著性研究、重复采动巷道围岩控制及现场工程试验。全书内容丰富、层次清晰、图文并茂、论述有据，具前瞻性、先进性和实用性。

本书可供从事采矿工程及相关专业的科研与工程技术人员参考。

图书在版编目(CIP)数据

神东矿区重复采动巷道塑性区演化规律及稳定控制 / 吴祥业著. —徐州：中国矿业大学出版社，2020.8

ISBN 978-7-5646-4789-6

Ⅰ.①神… Ⅱ.①吴… Ⅲ.①矿区—巷道围岩—围岩控制—研究 Ⅳ.①TD263

中国版本图书馆 CIP 数据核字(2020)第 146786 号

书　　名　神东矿区重复采动巷道塑性区演化规律及稳定控制
著　　者　吴祥业
责任编辑　王美柱　仓小金
出版发行　中国矿业大学出版社有限责任公司
（江苏省徐州市解放南路　邮编 221008）
营销热线　(0516)83884103　83885105
出版服务　(0516)83995789　83884920
网　　址　http://www.cumtp.com　**E-mail**:cumtpvip@cumtp.com
印　　刷　江苏凤凰数码印务有限公司
开　　本　787 mm×1092 mm　1/16　**印张** 7.5　**字数** 187 千字
版次印次　2020 年 8 月第 1 版　2020 年 8 月第 1 次印刷
定　　价　42.00 元
（图书出现印装质量问题，本社负责调换）

前　言

神东矿区具有开采强度大的特点，为了缓解采掘接续紧张状况，回采巷道掘进方式多为两条巷道同时掘出，从而导致部分需要保留的回采巷道受到重复采动影响，矿压显现剧烈，维修费时费力。这种双巷甚至三巷的布置方式，在我国宁夏、陕西、山西、内蒙古等地区广泛存在。因此，厘清受重复采动影响巷道的破坏机理及稳定机制，切实保障受重复采动影响巷道围岩稳定，具有一定的理论意义和实用价值。

本书以神东矿区重复采动巷道为工程背景，采用理论分析、现场观测、数值模拟和现场工程试验等研究方法，以巷道围岩塑性区形成和演化规律为主线，获取了重复采动条件下巷道围岩主应力分布规律和塑性区演化规律，揭示了重复采动条件下巷道围岩塑性区恶性扩展机理，实现了重复采动条件下巷道围岩塑性破坏深度的定量预判，通过优化回采技术参数调控巷道围岩塑性破坏深度，形成了塑性区围岩先控再让后支的巷道围岩稳定控制体系，从而保证矿井安全高效生产。

本书的研究内容是一项多学科交叉的综合性课题，涉及采矿学、岩石力学、工程地质学、统计学、计算机科学等多个学科，是作者长期研究基础上的成果总结。本书相关研究得到了现场工程技术人员及课题组成员的大力支持和帮助。感谢神华神东煤炭集团有限责任公司工程技术人员在研究工作中给予的大力支持！感谢中国矿业大学（北京）刘洪涛教授，本书的研究课题选取、方案论证到具体结构完善和撰写，无不凝聚着刘老师的心血和汗水！感谢中国矿业大学（北京）马念杰教授，他崇高的学术威望、深邃的专业造诣、求实的科学态度、低调的生活作风都令我深深折服，敬佩马老师儒雅的学者气质、平和的处事性格、淡泊名利和甘于奉献的人生态度。在此向马老师致以崇高的敬意！在撰写本书的过程中，还得到了赵志强、贾后省、冯吉成、李季、蒋力帅、赵希栋、陈见行、张自政、郭晓菲等的指导和帮助，一并表示感谢！

由于时间仓促和水平所限，书中难免有不足之处，敬请专家、学者、同行不吝赐教和指正。

著　者

2020 年 5 月

目 录

1 绪论 …… 1
1.1 问题的提出 …… 1
1.2 国内外研究现状 …… 3
1.2.1 双巷布置工作面重复采动巷道围岩稳定控制研究现状 …… 3
1.2.2 巷道围岩应力场分布特征研究现状 …… 4
1.2.3 巷道围岩变形破坏机理研究现状 …… 5
1.2.4 巷道围岩破坏的影响因素研究现状 …… 6
1.2.5 巷道围岩控制技术研究现状 …… 8
1.2.6 研究现状综述 …… 9
1.3 研究内容与研究方法 …… 9
1.3.1 主要研究内容 …… 9
1.3.2 研究方法与技术路线 …… 10

2 重复采动巷道围岩应力动态分布规律研究 …… 12
2.1 重复采动巷道概况 …… 12
2.1.1 布尔台煤矿留巷位置关系 …… 12
2.1.2 布尔台煤矿留巷围岩赋存特征 …… 13
2.2 重复采动巷道围岩变形规律现场监测 …… 13
2.3 重复采动巷道数值模拟研究 …… 17
2.3.1 数值模型的建立 …… 17
2.3.2 采空区充填及效果验证 …… 19
2.3.3 一次采动围岩支承压力演化规律 …… 22
2.4 一次采动留巷围岩应力场分布规律研究 …… 25
2.4.1 一次采动采空区侧方围岩应力场分布特征 …… 26
2.4.2 一次采动围岩应力分布特征 …… 29
2.4.3 一次采动围岩主应力方向分布特征 …… 32
2.5 二次采动留巷围岩应力场分布规律研究 …… 35
2.5.1 二次采动围岩垂直应力演化规律 …… 35
2.5.2 二次采动围岩应力分布特征 …… 37
2.5.3 二次采动围岩主应力方向分布特征 …… 40

3 重复采动巷道围岩塑性区演化规律研究 …… 42
3.1 重复采动巷道围岩内部破坏特征探视 …… 42
3.2 重复采动巷道围岩塑性区阶段特征分析 …… 46
3.2.1 留巷受一次采动影响各阶段围岩塑性区形态特征 …… 47
3.2.2 留巷受二次采动影响各阶段围岩塑性区形态特征 …… 52
3.3 煤柱尺寸对重复采动巷道围岩塑性区阶段特征影响分析 …… 55
3.3.1 10 m 宽煤柱留巷各阶段围岩塑性区形态特征 …… 55
3.3.2 30 m 宽煤柱留巷各阶段围岩塑性区形态特征 …… 60

4 重复采动巷道围岩塑性区演化机理及塑性破坏深度主控因素显著性研究 …… 66
4.1 巷道围岩塑性破坏理论分析 …… 66
4.1.1 巷道围岩塑性破坏形态分析 …… 66
4.1.2 重复采动巷道围岩塑性区形态特征 …… 68
4.1.3 采动应力场主应力与塑性破坏范围分析 …… 71
4.1.4 巷道围岩塑性区的方向性分析 …… 74
4.1.5 煤柱尺寸对巷道围岩塑性区形态特征的影响 …… 75
4.2 神东矿区重复采动巷道围岩塑性破坏深度主控因素显著性分析 …… 77
4.2.1 重复采动巷道围岩塑性破坏深度影响因素 …… 77
4.2.2 重复采动巷道塑性破坏深度主控因素及试验方案确定 …… 80
4.2.3 正交试验及显著性分析 …… 83
4.2.4 重复采动巷道塑性破坏模型建立 …… 90

5 重复采动巷道围岩控制及现场工程试验 …… 95
5.1 重复采动巷道支护技术参数 …… 95
5.2 支护强度对重复采动巷道围岩塑性区的影响 …… 96
5.3 神东矿区重复采动巷道围岩支护对策分析 …… 99
5.4 重复采动巷道围岩控制方法 …… 101
5.4.1 重复采动巷道支护失效形式及支护技术分析 …… 101
5.4.2 重复采动巷道补强支护效果分析 …… 103

参考文献 …… 107

1 绪 论

神东矿区具有开采强度大、开采速度快的特点。为了缓解采掘接续紧张状况、提高煤炭回采率，神东矿区采用双巷布置工作面，掘进时同时掘出两条回采巷道，始终有一条受重复采动影响巷道(留巷)，其矿压显现剧烈，围岩稳定控制及维修费时费力[1-5]。因此，亟须对重复采动影响下留巷围岩破坏发展过程及围岩破坏机理开展一系列理论和实践研究，这对切实保障重复采动巷道围岩稳定具有一定的理论意义和实用价值。

1.1 问题的提出

神东矿区作为国家能源战略西移的重点建设矿区，地跨山西、陕西、内蒙古三省区。神东煤田位于鄂尔多斯盆地腹地，是一个连续的煤田，如图 1-1 所示。矿区总面积约 3 481 km^2，已探明煤炭储量 2 807 亿 t，2011 年成为中国首个、全球唯一的 2 亿 t 商品煤生产基地，开建以来累计生产煤炭超过 24 亿 t，为国家经济发展作出了巨大贡献[6-7]。矿区现有特大型现代化生产矿井 15 个，其中，3 个生产能力达到 2 000 万 t/a，3 个达到 1 500 万t/a，6 个达到 1 000 万 t/a，形成了千万吨矿井群生产格局。

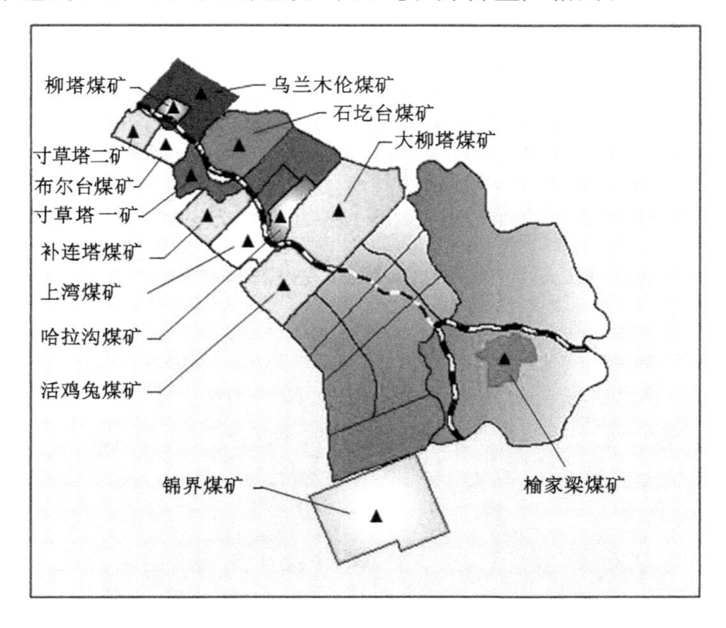

图 1-1 神东矿区部分煤矿分布示意图

神东矿区自2005年以来，产销量连续以每年千万吨级的速度增长，随着生产规模的加大、工作面的增多，开采强度、开采面积陆续加大[8-10]，工作面走向长度大、推进速度快，同时装备大功率型设备，为了解决接续紧张问题，满足矿井通风、排水、连续采煤机快速掘进、无轨胶轮车辅助运输和工作面快速搬迁等需要，生产矿井均采用双巷布置工作面生产方式。这也为工作面安全生产提供了备用脱险通道，实现了综采工作面快速搬迁和矿井的稳产高产。

双巷布置工作面准备时一次性掘进两条回采巷道，在工作面开采过程中，其中一条巷道被保留，继续为下一工作面服务，普遍服务周期较长，受重复采动影响，虽有保留煤柱护巷，但随着开采强度、采深的加大，围岩变形破坏等问题逐渐凸显出来。

石圪台煤矿在开采2-2煤22301综采工作面时，工作面辅运巷道（留巷）基本无变形破坏，而在开采3-1煤31202工作面期间，留巷在采空区后方产生破坏，破坏影响范围随工作面的开采持续扩大，破坏位置具有非均匀特征，如图1-2所示。

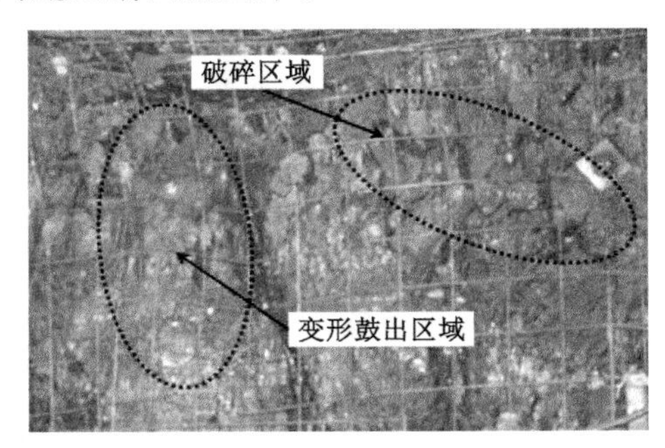

图1-2 石圪台煤矿重复采动巷道煤柱帮上方变形破坏实照

布尔台煤矿在开采4-2煤一盘区42106工作面期间，留巷顶、底板和帮部围岩发生剧烈变形，帮和底变形非常严重，顶部在靠煤柱一侧产生变形，锚索时常发生破断，破坏位置具有明显的非均匀分布特征，二次采动超前段巷道空间急剧缩小，从而影响正常生产，如图1-3所示。

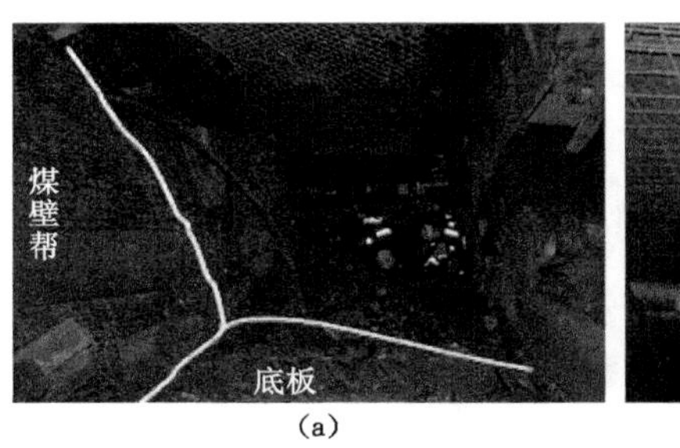

(a)

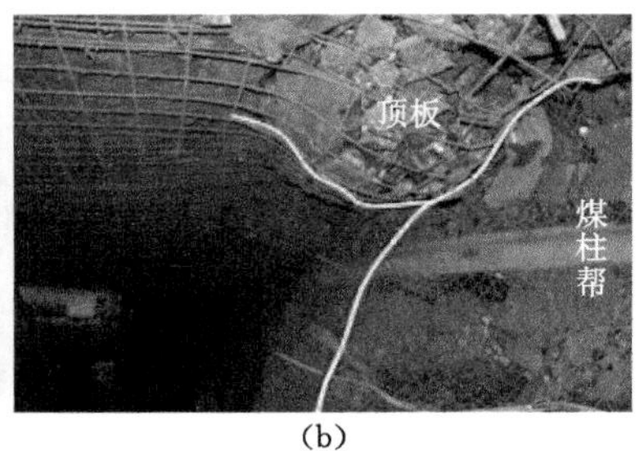

(b)

图1-3 布尔台煤矿留巷受二次采动影响变形破坏实照

重复采动巷道围岩稳定控制是巷道支护领域的难题，为保证重复采动条件下巷道围岩稳定，需要对此条件下巷道围岩破坏机理进行深入系统研究。已有研究表明，巷道围岩变形破坏实质上是围岩塑性区的形成和发展引起的，塑性区的几何形态和范围决定围岩的破坏模式和程度，因此，需要厘清重复采动巷道围岩破坏机理、掌握巷道围岩塑性区的形成和演化规律。

本书以神东矿区重复采动巷道为工程背景，系统研究巷道围岩应力动态分布规律，从巷道围岩塑性区形成和发展的角度研究巷道围岩塑性区演化规律，揭示重复采动条件下巷道围岩塑性区非均匀及恶性扩展机理，以此为基础对巷道围岩塑性破坏深度影响因素显著性进行分析，获得神东矿区重复采动巷道围岩控制方法及围岩稳定控制技术，这对保证矿井的安全高效生产具有一定的理论意义和实用价值。

1.2 国内外研究现状

1.2.1 双巷布置工作面重复采动巷道围岩稳定控制研究现状

双巷布置工作面能够有效解决运输、通风及瓦斯等问题，但双巷布置工作面存在巷道服务周期长、受多次采动影响、维护困难等问题。随着采矿技术的发展，双巷布置在许多煤矿得到推广应用。针对双巷及多巷布置保留巷道围岩稳定控制问题，国内外学者进行了深入分析研究。

康红普院士等[11]以晋城矿区采煤工作面多巷布置留巷为工程背景，基于大量实测数据分析了留巷围岩变形与破坏的特征及机制，采用数值模拟软件分析了留巷及采煤工作面周围的应力分布，得出了应力峰值在采空区后方，受采动影响巷道围岩变形较大的结论。

侯圣权等[12]分析了沿空双巷围岩失稳破坏特征，采用大型物理模拟试验系统，结合数字照相分析技术，分别研究了沿空双巷无支护情况下围岩破坏演化全过程特征、围岩变形规律以及巷道围岩破裂形式，得出了沿空双巷围岩的失稳平衡过程主要分为初期弹塑性变形阶段、稳定过渡阶段、失稳破坏阶段、二次稳定阶段4个阶段的结论。

刘洪涛等[13]以石圪台煤矿为研究背景，应用理论分析和数值模拟方法，针对主应力大小、方向和塑性区分布特征展开研究，获取了留巷主应力变化规律、塑性区扩展特征，阐明了留巷发生非对称变形的原因。

陈苏社等[14]以大柳塔煤矿活鸡兔井极近距离煤层同采工作面回采巷道的合理布置为工程背景，采用数值模拟及现场实测方法，就层间距小于2 m极近距离煤层煤柱下的双巷布置问题进行了研究。实践证明，无须维护巷道即能保持正常安全使用，可为类似浅埋极近距离煤层的安全高效开采提供参考。

马添虎[15]针对神东矿区双巷布置工作面回风巷道在回采期间破坏较严重的现象，从巷道所受采动影响出发，结合数值模拟和现场观测，对回风巷道加强支护措施进行了研究。实践证明，对回风巷道加强支护能够有效控制其变形和破坏。

赵双全[16]采用数值模拟及现场实测手段对双巷布置工作面宽煤柱留巷矿压规律进行了研究，得出了宽煤柱留巷矿压显现规律。

谭凯等[17]针对察哈素煤矿煤柱留设不当而导致回采巷道大范围破坏的问题，采用数值模拟方法研究了巷道失稳的原因和煤柱的合理宽度，认为煤柱宽度的合理留设是确保厚煤层双巷布置综采工作面安全回采的关键。

董文敏[18]、霍锋斌[19]通过对寺河矿多巷布置应用情况的分析总结，阐述了多巷布置在高瓦斯矿井应用的必要性、不足之处及其解决措施；对大采高工作面的多巷连掘进行了数值计算，分析了不同煤柱下工作面应力分布状态，在此基础上提出了合理的护巷煤柱留设尺寸，可为后续多巷连掘工作面的巷道布置提供理论依据。

郗新涛等[20]针对突出煤层沿空留巷双巷合理布置与支护问题，采用数值模拟方法对煤柱和工作面垂直应力、塑性区分布特征进行了分析，认为随着煤柱宽度的增加，煤柱垂直应力分布形态从“单峰”形向“马鞍”形转变，并以煤柱核心率作为评价煤柱稳定性的指标，确定了满足经济合理性的煤柱最优宽度。

贾韶华[21]运用数值模拟方法,探讨了近距离煤层下层煤中不同水平错距时的双巷围岩变形规律。从实际生产过程来讲,下层煤双巷布置巷道的围岩变形是两阶段三因素作用的最终结果,是上层煤开采后的变形与下层煤掘巷和开采后围岩变形相互叠加的结果。

李永恩等[22]为解决红庆梁煤矿双巷留巷在一次采动后围岩失稳的问题,通过数值模拟方法对两次采动影响下的主应力差分布特征及留巷在不同应力阶段下的塑性区特征进行了研究,提出了针对性的补强支护措施,并通过现场应用证实补强措施有助于维护巷道围岩的稳定。

刘文静等[23]以大宁煤矿巷道为研究对象,研究了其在复杂应力条件下受采动因素影响的围岩变形机理。

1.2.2 巷道围岩应力场分布特征研究现状

在矿山开采活动中,原有的应力平衡被打破,巷道围岩应力重新分布,围岩变形破坏范围增大[24-25]。采动应力场影响范围随着采掘工作的推移不断变化[26-28]。采动应力场的重新分布与巷道围岩的变形破坏密切相关。因此,对采动应力场分布规律的探究具有重要意义。国内学者在这方面进行了大量理论和实践研究,取得了丰硕成果。

钱鸣高院士提出了"砌体梁"模型和关键层理论,认为工作面周围应力场分为减压区、增压区和稳压区,回采之后煤层下伏岩层与上覆岩层的支撑体系各自独立,悬露岩层主要靠煤壁支撑,工作面超前支承压力显著。谢广祥等[29]、杨科等[30]应用计算机数值模拟结合现场实测方法,构建了采动应力壳演化的三维分析模型。

谢和平院士等[31]通过开展不同开采方式下煤岩采动力学试验,分析3种典型开采方式下煤岩采动力学行为、采动裂隙展布及增透率演化规律,探索不同开采方式下煤岩真实采动应力场、裂隙场和渗流场的特征差异。研究表明:不同开采方式产生不同的采动应力场,并导致煤岩裂隙场和渗流场特征差异;不同开采方式下煤岩峰值应力、峰值应力对应轴向应变和环向应变按照无煤柱开采、放顶煤开采和保护层开采的顺序降低,而体积应变绝对值则依次升高;不同开采方式下煤岩采动裂隙尺度分维及煤层增透率激增点与工作面之间的距离均按照保护层开采、无煤柱开采、放顶煤开采的顺序依次下降;确定煤层增透率空间分布可为煤与瓦斯共采提供理论指导。

姜福兴等[32-35]介绍了用微地震定位监测技术揭示采场覆岩空间破裂与采动应力场的关系,认为存在4种由采动引起的岩体破裂类型,展示了3种典型采动边界条件下覆岩破裂与采动应力场的关系,提出了由微震事件分布推断区段煤柱稳定性的方法,认为工作面推过以后,在工作面采空区的三侧位置基本顶上方会产生一个C形的空间结构。

为了更全面地掌握采动应力场分布规律,因现场监测困难较大,学者们应用数值模拟技术对采动应力场进行了详细分析。王新丰等[36]通过研究煤层开采过程中采场覆岩破坏与超前应力之间的关系,采用FLAC^{3D}软件对不同面长条件下采场前方支承压力与水平应力的分布特征和动态演化过程进行了数值模拟,并从理论层面分析了不等长工作面力学效应与岩层活动间的关系。结果表明:工作面面长直接影响采场前方的应力分布。黄光才[37]对具有不同瓦斯含量和瓦斯压力的煤层在开采过程中采场应力所发生的变化进行了数值模拟研究与分析,得出了采场应力的变化规律。研究结果可为矿井煤层正常开采时,解决采场应力的变化所引起冲击地压灾害事故隐患的技术性问题等提供可靠的理论指导。王宏伟等[38]采用相似模拟的手段研究了两条断层赋存条件下工作面采动应力场的分布特征；从能量非稳定态释放的角度分析，认为在多断层赋存条件下，工作面回采遇到第一条揭露的断层诱发动力灾害的危险性更高，将对工作面和采场巷道稳定性带来诸多不利影响。

此外，针对不同煤矿具体地质条件，许多专家学者对其采动应力场的分布规律进行了大量研究。张洪林[39]从不连续位移的基本解出发，推导了三维不连续位移边界单元法的公式，并编制计算机程序分析了单个层状矿床采场的应力、位移分布特征，就采场结构尺寸设计提出了建议。石佳明等[40]研究了开挖宽度对于采场周围应力场的影响，计算结果显示，随着开挖宽度的增大，顶、底板最大应力以及采场边角剪应力都有所增大。刘金海等[41]在列举采场矿压显现异常案例的基础上，基于采场应力演化及顶板岩层运动的观测结果，提出了长壁采场存在动、静支承压力的观点，阐述了该观点的工程意义，并根据形成特征建立了相应的计算模型，可为解释采场矿压显现异常和解决该领域的工程问题提供理论依据。周刚等[42]研究了煤矿井下采场应力监测现状，分析了钻孔应力解除法存在的问题；提出采用空心包体应力测量技术，在原岩地应力实测基础上监测采动应力的演化过程，探究采动应力影响下工作面覆岩及巷道围岩应力的动态变化规律。原岩应力测量和采动应力监测为二者相互作用关系研究提供了理论基础，对回采巷道围岩稳定控制具有重要指导意义。

1.2.3　巷道围岩变形破坏机理研究现状

随着巷道围岩塑性区的形成与发展，围岩会逐渐地发生变形破坏。要想从本质上揭示巷道围岩变形破坏机理，只能以围岩塑性区的形成机理和发展规律研究为基础。

(1) 经典圆形塑性区理论

国内外学者基于莫尔-库仑破坏准则、结合弹塑性理论，对巷道围岩塑性区展开了研究。芬纳(Fenner，1938)和卡斯特奈(Kastner，1951)以理想弹塑性模型和岩石破坏后体积不变假说为基础，得到了圆形硐室围岩弹塑性区应力解析解和塑性区半径解析式。国内外许多学者对这些公式进行了修正[43-45]。经典圆形塑性区理论认为双向等压条件下塑性区形状为圆形，修正后沿用至今，促进了矿山巷道支护设计的科学化、合理化。

(2) 围岩松动圈理论

20 世纪 90 年代中期，基于大量的现场实测和理论研究，董方庭教授等[46-47]提出了围岩松动圈理论。该理论认为，地应力与围岩的相互作用会产生大小不同的围岩松动圈；松动圈扩展过程中产生的碎胀力及其所造成的有害变形是巷道支护的主要对象；松动圈尺寸越大，巷道收剑变形也越大，支护越困难；松动圈范围可以通过多种方法进行探测，松动圈的形状为圆形或椭圆形。多位学者[48-49]通过数值模拟分析与现场探测研究，证明了数值模拟得出的围岩松动圈与现场探测结果有较好的一致性。

(3) 自然平衡拱理论

自然平衡拱理论是普罗托奇雅阔诺夫于 20 世纪初基于砂箱试验提出的。该理论认为，在矿山压力作用下，巷道顶板岩石发生碎裂、冒落而逐渐形成拱形顶板，形成自然冒落拱后，顶板压力趋于平衡而不再冒落。在现场实践中，对于一些服务年限较长的大巷、永久硐室等，常把其顶板形状设计成拱形，稳定性可得到显著提高。自然冒落拱的形状近似为一条抛物线，其高度与巷道围岩性质、断面尺寸和形状相关。该理论自被提出以来，被大量应用于各种工程地质研究中以及巷道顶板冒落拱高度计算中[50-56]。

(4) 轴变论理论

于学馥等[57-58]根据力学上的成果,结合巷道的实际情况,提出了轴变论理论。该理论假设岩体为均匀各向同性的弹性体,认为地应力是引起围岩变形和破坏的根本作用力,围岩稳定的巷道轴比与地应力直接相关,可通过轴比关系确定围岩状况。该理论认为,要想对巷道围岩破坏规律进行科学分析,需要对围岩应力、岩体力学性质以及围岩变形特征进行重点分析[59-61]。

(5) 围岩分区破裂化理论

进入21世纪以后,随着中国经济的高速迅猛发展,矿山深部开采不断增多,地下工程深入千米至数千米。在这种深度下,巷道和硐室围岩变形出现分区破裂化现象,这引起了国内外学者的关注。围岩分区破裂化现象一开始由俄罗斯科学院西伯利亚分院所发现,该院研究人员根据现场实践和理论分析,认为分区破裂化现象产生的原因主要在于巷道和硐室围岩存在破裂区与非破裂区,并且二者会不断产生。这一现象与浅部地下工程中所产生的围岩塑性区形状特征有所区别。国内外研究围岩分区破裂化的专家学者[62-68]指出,采用传统的连续介质弹塑性力学理论不能正确、全面地研究围岩中的局部化变形,围岩破裂区和非破裂区交替的情况与浅部围岩塑性区和弹性区依次排列的情况在变形和稳定性方面有很大的不同,前者需要考虑岩石达峰值应力后的残余强度(岩块间的摩擦力);为了描述这种与浅部岩体不同的性质,可以放弃一些经典欧式几何中的基本假设,而将非欧几何知识引入深部岩体的分区破裂化机理研究当中。

(6) 巷道围岩“蝶形塑性区”理论

实测表明,多数情况下巷道围岩处于非均匀应力场下,其水平应力与垂直应力在数值上并不相等。20世纪90年代,马念杰等[69-71]采用数值模拟方法,对非均匀应力场中圆形巷道和矩形巷道围岩塑性区形态进行了研究,得出了非均匀应力场中巷道围岩塑性区呈“*”形、半“*”形不规则分布特征的结论,初步探讨了在特定条件下巷道围岩塑性区的特殊形态问题。之后,马念杰等[72-77]研究了回采巷道围岩蝶形塑性区形成机制和演化规律,揭示了回采巷道蝶形冒顶机理;同时,提出了煤巷蝶形冲击地压发生机理猜想,认为煤巷冲击地压是巷道围岩蝶形塑性区的蝶叶瞬时爆炸式扩展引起的,阐明了该类型冲击地压形成、演化及发生的力学本质和物理过程;进而提出了蝶形冲击地压发生的必要与充分条件,建立了煤巷冲击地压判定准则,合理解释了巷道顶板冲击、底板冲击、煤帮冲击等不同类型的冲击地压发生机理;分析了层状顶板巷道蝶形塑性区的分布规律,阐明了蝶形塑性区穿透分布致使巷道冒顶的力学机制。

还有很多学者以主应力为基础对巷道围岩变形破坏机理进行了深入研究。谢生荣等[78]针对千米深井沿空巷道围岩控制难题,采用FLAC^{3D}软件模拟埋深为550～1 250 m时巷道围岩主应力差与塑性区响应特征以及两帮主应力差演化规律。李元鑫等[79]采用模型试验和数值模拟方法,研究了在不同方向的主应力作用下直墙拱形隧道的围岩损伤破坏规律;考虑隧道内含有裂纹和不含裂纹两种情况,利用水泥砂浆制作了直墙拱形隧道模型,并利用有机玻璃光弹性试验对无裂纹隧道的试验结果加以验证。

1.2.4 巷道围岩破坏的影响因素研究现状

巷道围岩破坏受很多因素影响,除了巷道围岩应力之外,国内外学者在巷道非均匀变形影响因素方面做了大量研究。

（1）围岩岩性

巷道围岩破坏主要取决于外部应力环境及围岩岩性。在围岩岩性与外部应力环境的共同影响下，岩体损伤与破坏是一个从微观到宏观变尺度、时空演化过程，岩体内部大量微损伤的萌生、扩展和贯通导致岩体介质宏观力学性能的劣化至最终失效或失稳[80]。其中，泥岩在高应力状态下具有显著流变特征。黄万朋等[81-82]研究表明，在倾斜、层状和非均质的岩层中，巷道断面内不同强度等级的围岩在高应力作用下的变形差异是深部巷道产生非对称变形的根本原因；在深部高地应力作用下，巷道断面内围岩结构与强度的不对称性导致巷道围岩变形的不对称性，这就是深部巷道非对称变形的机理。

（2）埋深

随着巷道埋深不断增加，深部复杂环境如高应力、高地温、高渗透压及开采扰动的影响，使巷道围岩的稳定性受到极大破坏，进而严重威胁煤炭的开采安全[83-84]。开采进入深部以后，巷道围岩原岩应力随之增大，受巷道开挖以及采动等因素的影响，巷道所处应力场更加复杂多变，围岩破坏表现出非对称变形特征。对于巷道围岩控制来说，深部巷道的围岩支护控制更加困难。陈登红等[85]采用真三轴相似模拟方法研究了不同加载梯度下巷道围岩应变特征，得出了在浅埋静水压力条件下巷道围岩呈现“浅部拉应变、深部零应变”特征，在深埋静水压力及初掘采动应力下巷道围岩出现“径向应变拉压交替分布”现象的结论。

（3）煤层倾角

倾角较大的煤层，其上覆岩层垮落破坏特征不同于近水平煤层。随着煤层倾角的增大，巷道支护要求更高。许多学者对大倾角煤层巷道围岩破坏特征进行了大量研究。辛亚军等[86]通过对大倾角煤层软岩回采巷道失稳特征的理论分析，建立了大倾角煤层软岩回采巷道围岩失稳状态方程，提出了大倾角煤层软岩回采巷道耦合支护方案，并运用数值模拟、相似模拟及现场支护试验手段对回采巷道耦合支护方案进行了综合分析。贾蓬等[87]通过对具有不同倾角层状软弱结构面岩体中的隧道变形破坏特征、隧道周边关键部位位移进行分析，得出了层状结构面倾角对围岩的破坏失稳模式有显著影响的结论。随结构面倾角的增大，隧道周边应力分布的非对称性逐渐增强，从而造成其破坏模式的非对称性。

（4）巷道断面形状

巷道断面形状对巷道边角处围岩的应力集中有所影响。刘万光[88]利用 $FLAC^{3D}$ 软件对三种埋深和三种巷道断面形状条件下的围岩应力、位移分布规律进行了模拟分析，得出了以下结论：圆形巷道卸压区最小，最有利于巷道支护；而矩形巷道围岩出现拉应力，最容易破坏；半圆拱形巷道底板较容易破坏。杨军等[89]以济宁二号煤矿九采区 $93_{上}06$ 工作面回采巷道为研究对象，通过数值模拟手段再现其变形破坏过程，分别对顶板下沉、底鼓、轴向楔体破坏和沿结构面冒顶四种变形破坏规律进行了分析，提出了巷道支护的优化方案。工程实践表明，通过改变巷道的断面形式、挖掉直接底泥岩和打底角锚杆可以有效地控制巷道的底鼓，通过调整支护参数可以有效控制巷道的顶板下沉和冒顶。周志阳[90]以孔庄煤矿 7432 工作面为工程背景，采用数值模拟方法对比研究了裸巷条件下矩形断面和梯形断面对深井巷道围岩稳定性的影响规律。

（5）煤柱宽度

合理留设煤柱尺寸，对煤矿安全高效开采具有重要意义。煤柱尺寸留设过大，会导致资源浪费；太小，则不易控制巷道围岩的稳定。我国许多专家学者对于煤柱尺寸留设做了大量研究工作。孙小康等[91]针对采空区下回采巷道变形破坏严重难以支护且具有明显非对称特征的现象，运用理论分析和数值模拟等方法，结合具体的工程实践，建立了区段煤柱力学模型，获得了煤柱支承压力作用下底板岩层应力分布规律。韩帅等[92]以生产现场为背景，对区段煤柱合理宽度问题进行了研究，基于莫尔-库仑准则、SMP准则对区段煤柱的合理宽度进行了计算，并采用FLAC^{3D}软件对不同宽度的区段煤柱中的垂直应力、水平应力、非塑性破坏宽度以及巷道围岩的位移情况进行了模拟分析，发现模拟结果与采用SMP准则所得结果更接近。

还有很多学者对影响巷道围岩破坏的因素做了大量研究。金淦等[93]针对深部半煤岩回采巷道围岩结构的非连续性及变形破坏的非协调性，采用半煤岩巷数值计算模型，研究了不同煤岩界面位置、不同煤岩界面倾角等主控因素下巷道的围岩应力分布与变形破坏规律，揭示了深部半煤岩巷围岩变形破坏失稳机理，提出了关键部位非对称耦合支护对策，该对策可有效地控制半煤岩巷围岩变形破坏的非协调性，从而保证巷道的长期稳定。李家卓等[94]综合应用数值模拟、现场实测和理论分析研究方法，分析了煤层群开采条件下的张集煤矿1113(1)工作面轨道巷多次扰动失稳机理，并对煤层群邻近层工作面回采顺序进行了数值分析，再现了不同开采顺序下的底板动压回采巷道围岩力学环境，提出了合理的煤层群开采采区设计的建议。

1.2.5 巷道围岩控制技术研究现状

地下工程所处地质条件的复杂性与多样性，导致井下巷道与硐室在支护技术上的复杂多变。对于采动巷道的围岩控制支护问题，国内外学者进行了长期探索。目前，巷道围岩支护方式主要有被动支护(以木支架、砌碹、钢架支护为主)、主动支护(以锚杆锚索锚网支护为主)以及多种支护方式联合、耦合的联合支护等[95-96]。

锚杆支护简单有效，在国内外巷道支护中得到了广泛推广应用[97-98]。随着锚杆支护技术的应用，我国在锚杆支护的优化研究中取得了许多研究成果。马念杰等[99]、刘洪涛等[100]研制的可接长锚杆为困难条件下大变形围岩控制提供了新手段。吴学震等[101]通过改善锚固结构，优化锚杆受力状态，提高了锚固结构的极限承载力，从而使锚杆杆体的变形性能得到了充分发挥，避免了传统锚杆杆体不均匀变形导致的破坏问题。随着我国煤炭开采深度的不断增加，仅用锚杆进行支护不能取得较好的支护效果，多数矿井采用锚杆锚索联合支护方式，相比单用锚杆或锚索其优越性在于对巷道深部围岩的锚固作用，以及对浅部围岩较强的悬吊作用。

在地下工程施工中，被动支护方式有喷射混凝土、架棚及砌碹支护等[102-103]，它能够及时封闭巷道表面，避免外部环境对巷道围岩的风化侵蚀，对围岩稳定控制可起到一定的作用，围岩自身的承载能力能得到提高。目前，架棚支护主要应用金属支架进行支护。金属支架分为刚性支架和可缩性支架两种，刚性支架可变形量较小，对于变形量较大的巷道不太适用；自1983年我国开始推广使用可缩性支架以来[104-106]，由于良好的支护效果，它逐渐取代了木支架与水泥支架。砌碹支护不能很好地应用于变形量较大的巷道中，由于成本及效率方面的缺陷，只在一些特殊巷道和硐室中应用。

近年来，联合支护得到了广泛的应用。刘家旺[107]、何成涛等[108]对较破碎顶板中的锚杆锚索联合支护进行了研究,分析了锚杆与锚索之间的相互作用关系。乔卫国等[109]、王振等[110]在巷道底鼓控制研究中,通过现场应用验证了锚注联合支护对底鼓的控制作用。一些学者[111-114]针对不同地质条件下的联合支护技术应用进行了探讨。

1.2.6 研究现状综述

综上所述,国内外学者在双巷布置工作面重复采动巷道围岩稳定控制、围岩应力场分布特征、围岩变形破坏机理、围岩破坏的影响因素、围岩控制技术等方面进行了大量的研究,取得了丰硕成果。

在重复采动巷道围岩稳定控制方面,学者们对巷道布置适应性及围岩破坏特征进行了大量的现场及实验室研究,多以煤柱护巷机理为切入点进行围岩稳定控制分析,而受重复采动影响巷道,其破坏机理是与时间和空间有关的复杂问题,需进一步研究围岩破坏过程,提出围岩稳定控制方法。

在巷道围岩应力场分布特征方面,学者们多对支承压力变化规律进行分析,而采煤工作面扰动对巷道围岩应力的影响是一个复杂的空间力学问题,需对应力方向及偏应力叠加形成的应力分布特征进行更有针对性且细致的研究。

在巷道围岩变形破坏机理方面,学者们做了许多卓有成效的工作,形成了经典圆形塑性区理论、围岩松动圈理论、自然平衡拱理论、轴变论理论、围岩分区破裂化理论、巷道围岩"蝶形塑性区"理论等经典理论,仍需对受采动影响巷道围岩应力分布特征与围岩塑性区形成的影响机制,以及留巷围岩塑性区非均匀扩展机理和规律进行研究。

在巷道围岩破坏的影响因素方面,学者们对埋深、围岩岩性、煤层倾角、巷道断面形状、煤柱宽度以及多因素综合影响等进行了大量研究,而需要进一步全面系统分析各因素对留巷围岩破坏影响显著程度,进而为巷道围岩控制提供具有针对性的方法。

在巷道围岩控制技术方面,学者们对巷道围岩支护方式进行了大量研究,且主要围绕成巷阶段进行高强度支护展开,并不断提高锚杆锚索强度和初锚力来减小围岩变形和破坏,即使采用两个层次支护,也只是采用大量增加锚索数量、增大锚索直径等措施控制围岩,需要充分了解支护体与巷道围岩变化之间的关系,进而形成采动巷道围岩稳定控制支护技术体系。

由此可见,对采动巷道围岩破坏机理及控制技术的研究仍需继续深入。因此,有必要系统研究受采动影响留巷围岩应力动态分布规律、受采动影响留巷围岩塑性区演化规律,进而揭示留巷围岩塑性区演化机理,并对留巷围岩塑性破坏深度主控因素显著性进行研究,形成留巷围岩控制支护技术体系。

1.3 研究内容与研究方法

1.3.1 主要研究内容

为了揭示重复采动巷道围岩非均匀破坏特征机理,分析围岩塑性破坏深度主控因素显著性,提出围岩稳定控制方法,本书在调研和分析现有围岩控制理论及技术的基础上,以神东矿区重复采动巷道为工程背景,主要围绕以下五个方面的内容展开研究工作。

(1) 重复采动巷道围岩应力动态分布规律研究

采用表面位移观测及数值模拟等方法,分析重复采动巷道内的围岩应力环境,深入分析重复采动巷道围岩应力大小和方向及其动态演化规律,将变化程度分区处理,总结出重复采动巷道围岩应力变化动态分布特征。

(2) 重复采动巷道围岩塑性区演化规律研究

采用围岩结构探视和数值模拟方法,深入分析采动影响叠加应力场下不同宽度煤柱围岩塑性区扩展范围、几何形态,将扩展程度分阶段处理,总结出重复采动巷道围岩塑性区演化规律。

(3) 重复采动巷道塑性区演化机理

在留巷受采动影响围岩应力分布特征及围岩塑性区演化规律研究的基础上,采用蝶形塑性区理论分析及数值模拟方法,揭示最大主应力和最小主应力、主应力差和主应力比、主应力方向对重复采动巷道围岩塑性区形成的影响机制,进一步揭示重复采动巷道围岩塑性区非均匀扩展机理和规律。

(4) 重复采动巷道围岩塑性破坏深度主控因素显著性研究

在分析重复采动巷道塑性区演化规律的基础上,对塑性破坏深度作进一步研究,通过理论分析寻找出重复采动巷道围岩塑性破坏深度主控因素,采用数值模拟与正交试验相结合的方法对塑性破坏深度影响因素进行显著性分析,建立塑性破坏深度预测模型,开发重复采动巷道围岩塑性破坏深度预测软件。

(5) 重复采动巷道围岩支护机理

基于对重复采动巷道围岩应力及塑性区演化规律的认识,采用塑性破坏深度预测软件及数值模拟方法,分析"支护-围岩"作用原理;针对双巷布置工作面特点及现场条件,提出差异化控制方法,形成以调整开采条件为根本控制方法,以"先控再让后支"为控制理念的补强支护技术体系。

1.3.2 研究方法与技术路线

在充分分析国内外已有相关研究成果的基础上,以重复采动巷道围岩塑性区形成和演化规律为主线,采用理论分析、现场观测、数值模拟和现场工程试验等研究方法,系统研究重复采动巷道围岩应力动态分布规律、在服务周期内不同阶段的变形规律以及围岩塑性区演化规律,揭示重复采动巷道围岩塑性区非均匀扩展机理和规律,寻求重复采动巷道围岩稳定控制方法。具体研究方法如下:

(1) 采用巷道围岩表面位移观测及数值模拟等方法,系统研究重复采动巷道围岩最大主应力和最小主应力、主应力差和主应力比、主应力方向分布规律,获取重复采动巷道围岩应力变化动态分布特征。

(2) 采用围岩结构探视和数值模拟方法,系统研究重复采动巷道全过程围岩塑性区形态和发展过程,对围岩塑性区的扩展范围、几何形态进行分析,获取重复采动巷道全过程围岩塑性区演化规律。

(3) 以蝶形塑性区理论为基础,采用理论分析和数值模拟方法,分析最大主应力和最小主应力、主应力差和主应力比、主应力方向以及耦合作用对重复采动巷道围岩塑性区形成的影响机制,揭示重复采动巷道围岩塑性区非均匀扩展机理。

(4) 采用正交试验和数值模拟方法,对重复采动巷道围岩塑性破坏深度的主控因素进行显著性分析,建立塑性破坏深度预测模型,并采用 VB 编程开发重复采动巷道围岩塑性破坏深度预测软件。

(5) 应用重复采动巷道塑性破坏深度预测软件及数值模拟方法,分析"支护-围岩"作用原理;针对双巷布置工作面特点及现场条件,提出重复采动巷道围岩稳定控制方法,并进行工业试验;根据试验结果,总结和凝练创新成果,形成重复采动巷道围岩稳定控制的支护技术体系。

具体技术路线如图 1-4 所示。

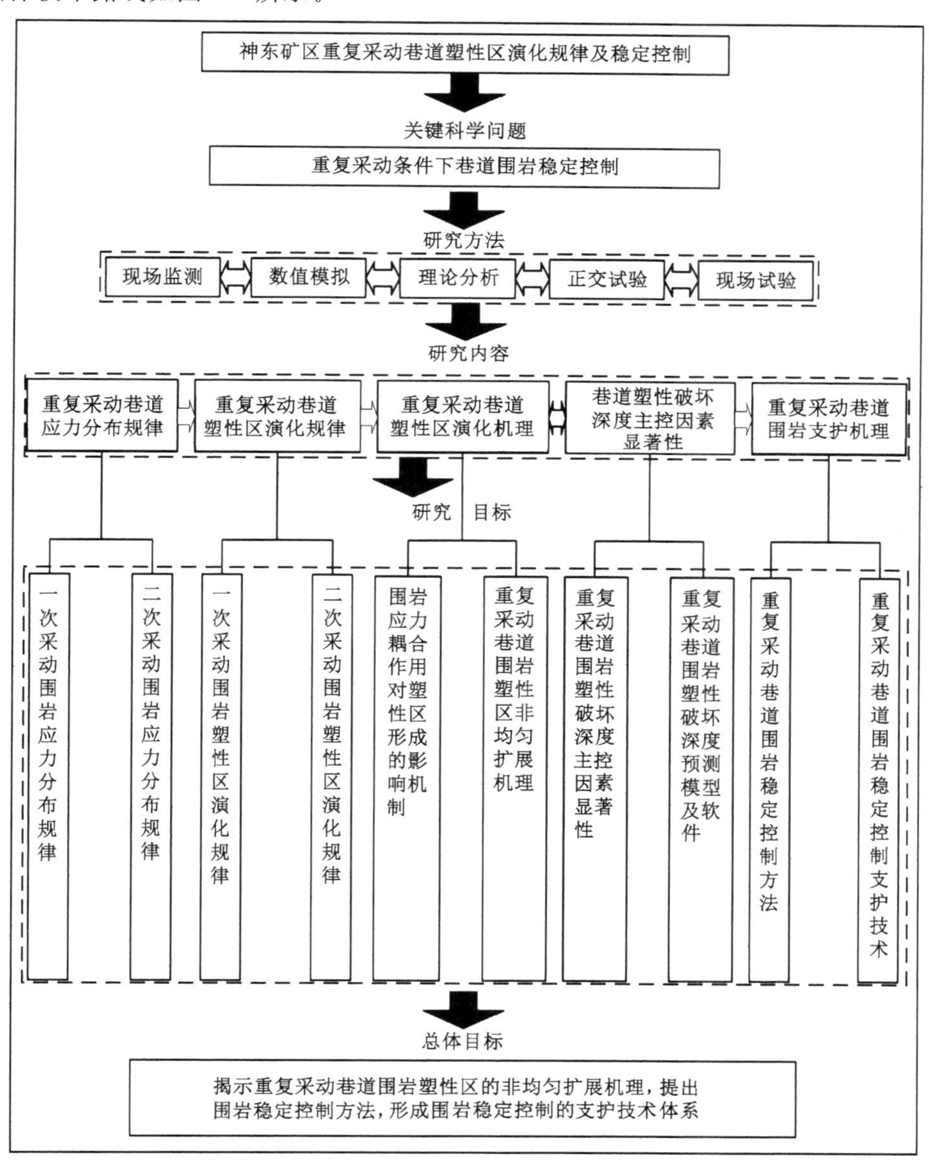

图 1-4 研究技术路线

2　重复采动巷道围岩应力动态分布规律研究

为了对神东矿区重复采动巷道围岩破坏规律进行研究，选取布尔台煤矿双巷布置工作面留巷工程地质条件，采用现场实测结合数值模拟等方法，系统研究重复采动巷道在整个服务周期内的围岩应力环境，深入分析受采动影响巷道围岩应力阶段性变化过程，总结重复采动巷道围岩应力动态分布特征，为揭示重复采动巷道围岩变形破坏机理奠定基础。

2.1　重复采动巷道概况

矿井采用走向长壁采煤法开采，在瓦斯含量不大、煤层埋藏较稳定、涌水量不大时，通常采用单巷布置工作面，即在采煤工作面的上方和下方沿走向分别布置回风平巷和运输平巷，作为通风、运输和行人的通道使用，待采煤工作面开采完毕、采动稳定后再掘进下区段回风平巷，以防止其受到上区段工作面采动影响。当瓦斯含量较大时，需要在工作面回采前预先抽采瓦斯，加强通风和排放采空区瓦斯；或者对于走向长度较长的采煤工作面，为了保证掘进、回采通风和系统安全，缓解采掘接替紧张状况，提高煤炭回采率，通常采用双巷布置工作面（即掘进巷道时，上区段运输平巷与下区段回风平巷同时掘出，在上区段工作面开采时，下区段回风平巷作为辅助运输巷道并被保留作为下区段回风巷道重复使用）。这种布置方式在我国神东、晋城等矿区应用普遍。

双巷布置工作面留巷普遍服务周期及距离长，受多次采动影响，虽有保留煤柱护巷，但其围岩稳定控制仍是巷道支护领域的重要难题。因此，以神东矿区布尔台煤矿具体地质工程条件为基础，对受采动影响留巷围岩应力动态分布规律进行研究。

2.1.1　布尔台煤矿留巷位置关系

布尔台煤矿是神东矿区现代化主力矿井，设计生产能力 20.0 Mt/a，工作面推进速度快，开采强度大。22205 工作面回风巷道位于 2-2 煤层二盘区。2-2 煤层为二盘区首采煤层，厚度 3.1～3.3 m，平均 3.2 m；含 0.23～2.0 m 厚夹矸，平均 0.94 m，夹矸上部煤厚 1.4～2.16 m，平均 1.9 m，夹矸下部煤厚 1.0～1.71 m，平均 1.3 m；较稳定、结构简单。

22205 工作面回风巷道长度 4 865 m，沿 2-2 煤层掘进，对应地面标高 1 256.9～1 350.3 m，煤层底板标高 995～1 017 m，平均埋深约 300 m，断面形状为矩形（宽×高＝5 400 mm×3 400 mm）；煤柱宽度 20 m。当 22204 工作面开采时，22205 工作面回风巷道作为其辅助运输巷道；待 22205 工作面开采时，留巷作为回风巷道，此留巷受两次采动影响。

22204 工作面回采 2-2 煤层上分层煤，面长 320 m，走向长度 3 601 m，平均采高2.5 m，对应地面标高 1 277.2～1 346.3 m，煤层底板标高 989.21～1 019.84 m，煤层倾角 1°～3°，可

回采面积 1.152 5$\times 10^{6}$ m^{2}，地质储量为 313.7 万 t。22205 工作面长 303 m，走向长度 4 544.9 m，平均采高 3.5 m，对应地面标高 1 252.2～1 355.0 m，煤层底板标高 989.23～1 016.23 m，煤层倾角 1°～3°，可回采面积 1.377 1$\times 10^{6}$ m^{2}，地质储量为 504.83 万 t。两工作面均沿走向布置，采用倾斜长壁后退式采煤法，一次采全高，全部垮落法处理采空区。留巷位置关系如图 2-1 所示。

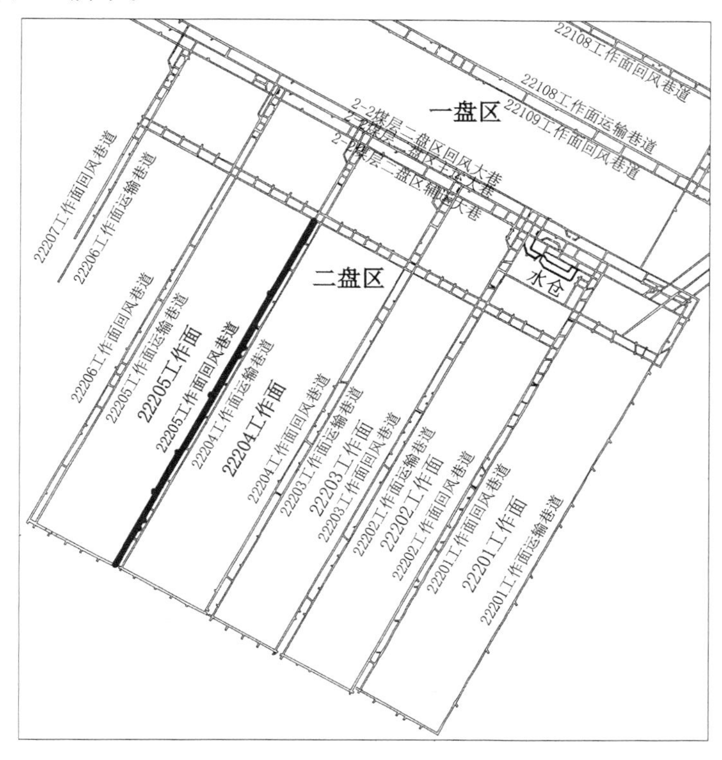

图 2-1　布尔台煤矿 22205 工作面回风巷道位置关系图

2.1.2　布尔台煤矿留巷围岩赋存特征

留巷位于矿井第Ⅲ含水岩段（侏罗系延安组煤系），含裂隙-孔隙承压水。留巷围岩主要为灰白色粗粒砂岩、中粒砂岩，次为细粒砂岩及粉砂岩，为巷道主要充水含水层，掘进工作面正常涌水量为 20 m^{3}/h，最大涌水量为 50 m^{3}/h，整体上看，裂隙-孔隙承压含水层含水较弱，水文地质条件较简单。留巷掘进范围内松散层厚度 1.2～30.3 m，上覆基岩厚度227～329 m。巷道顶、底板综合柱状图如图 2-2 所示。

2.2　重复采动巷道围岩变形规律现场监测

为了解受一次采动影响工作面前后留巷围岩变形情况，选取 22204 工作面开采 680 m 时，采动初期 22205 工作面回风巷道相对工作面位置超前 200 m 与滞后 680 m 区域进行围岩表面位移变形观测，采用“十”字形布点方式布置测点，每隔 20 m 测量一次留巷顶、底板

柱状	岩性	层厚/m	岩性描述
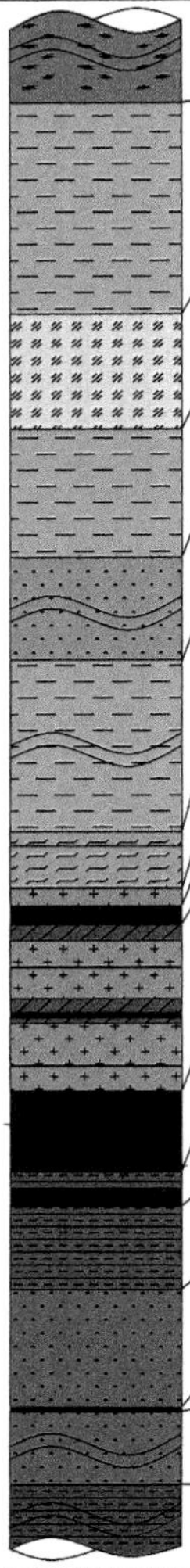	细粒砂岩	20.29	灰绿色,分选性中等,次棱角状,泥质胶结,夹中、粉砂质薄层及条带,波状层理
	砂质泥岩	10.19	灰绿色,次为灰黑色,参差状-平坦状断口,具滑面,见植物化石碎片,微波状层理,薄层状
	粗粒砂岩	13.83	灰绿色,以石英、长石为主,岩屑次之,分选性较差,次棱角状,泥质、钙质胶结,含黄铁矿结核,松散
	砂质泥岩	10.42	灰色-深灰色,参差状-平坦状断口,具滑面,含植物化石碎片,薄层状
	细粒砂岩	5.65	灰白色-浅灰色-灰绿色,分选性、磨圆度中等,以石英为主,长石、岩屑次之,含黄铁矿结核及炭屑,交错层理
	砂质泥岩	6.28	深灰色,平坦状断口,具滑面,性脆,易碎,含植物化石,夹粉砂质条带
	中粒砂岩	1.3	深灰色,整体含有少数发育不一的煤线
	砂质泥岩	0.4	深灰色-灰黑色,含植物化石碎片,平坦状断口,具滑面,性脆,易碎,夹粉砂岩薄层及条带,微波状层理,薄层状
	2-2煤	0.9	黑色,条痕呈黑褐色,沥青光泽,平坦状断口,以暗煤为主,夹亮煤、丝炭条带,属半暗煤
	砂质泥岩	4.0	深灰色-灰黑色,参差状-平坦状断口,顶部以及中部夹煤区域附近存在较大的破碎带,整体含有较多发育不一的煤线
	2-2煤	2.3	黑色,条痕呈黑褐色,沥青光泽,以暗煤为主,含黄铁矿结核,属半暗煤
	砂质泥岩	0.5	灰黑色,平坦状断口,较致密,薄层状
	煤	0.7	黑色,条痕呈黑褐色,沥青光泽,以暗煤为主,属半暗煤
	泥质砂岩	4.3	深灰色,参差状断口,含植物化石碎片,块状,微波状层理
	粉砂岩	5.83	灰色,含植物化石碎片,微波状层理,平坦状断口,中厚、薄层状
	煤	0.2	黑色,条痕呈黑褐色,暗煤
	粉砂岩	7.67	灰色-深灰色,顶部0.2 m呈浅灰色,多泥质,参差状断口,夹粉砂质条带及薄层,微波状层理
	泥质砂岩	11.03	深灰色,平坦状断口,夹粉砂质、细砂质条带,微波状层理,薄层状

图 2-2　巷道顶、底板综合柱状图

及两帮移近量。观测段位置如图 2-3 所示。

根据所测得的 22205 工作面回风巷道观测区域内表面位移数据,整理出巷道围岩移近量并绘制成曲线,如图 2-4 和图 2-5 所示。

观测数据表明:22205 工作面回风巷道在对应 22204 工作面至超前 200 m 区域,顶、底板移近量波动较小,平均值在 25.3 cm 左右,围岩变形量较小。从工作面开采位置开始,留巷顶、底板移近量呈现明显的增长趋势,由 16.3 cm 增长到滞后工作面大约 180 m 位置的约 63.8 cm;在滞后工作面 180～420 m 区域,顶、底板移近量相对稳定,基本稳定在约 61.6 cm;在滞后工作面 420～620 m 区域,顶、底板移近量又逐渐下降至约 22.1 cm;在滞后工作面 620 m到开切眼区域内,顶、底板移近量又有所升高到约 51.4 cm。留巷两帮移近量总体上

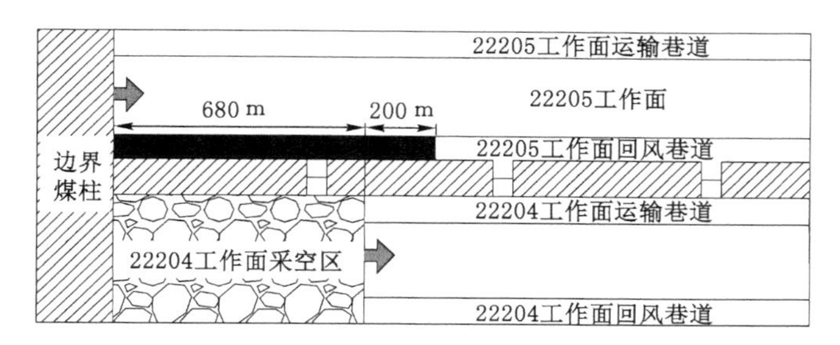

图 2-3 采动初期留巷表面移近量观测段位置示意图

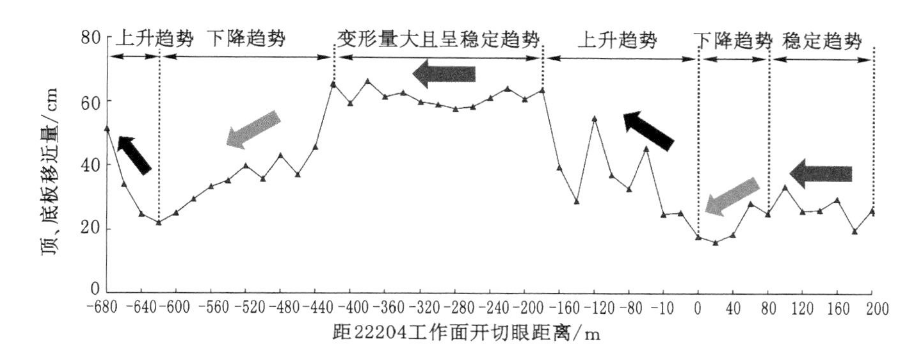

图 2-4 采动初期留巷顶、底板移近量

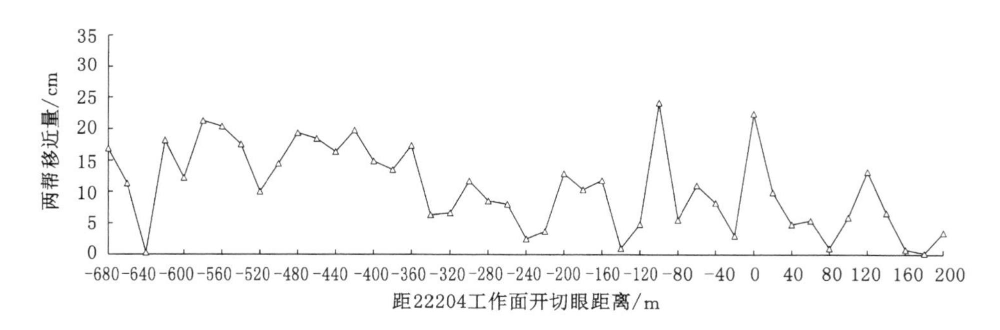

图 2-5 采动初期留巷两帮移近量

没有明显的变化。

为更全面掌握受一次采动影响留巷滞后工作面围岩整体变形情况，在 22204 工作面开采至停采线位置后，采动末期 22205 工作面回风巷道相对该位置滞后 1 000 m 区域内，采用“十”字形布点方式布置测点，每隔 20 m 测量一次留巷顶、底板及两帮移近量。观测段位置如图 2-6 所示。留巷围岩移近量曲线如图 2-7 和图 2-8 所示。

观测数据表明：22205 工作面回风巷道受采动影响明显，顶、底板移近量较大，在停采线位置约 16 cm，至滞后工作面 280 m 位置约 72 cm，整体保持上升趋势；之后基本保持在平均值 65.5 cm 左右。留巷两帮移近量相比顶、底板移近量较小，但明显可以看出，留巷两帮移近量在停采线位置约为 9 cm，至滞后工作面 260 m 位置约为 49 cm，整体呈现明显上升

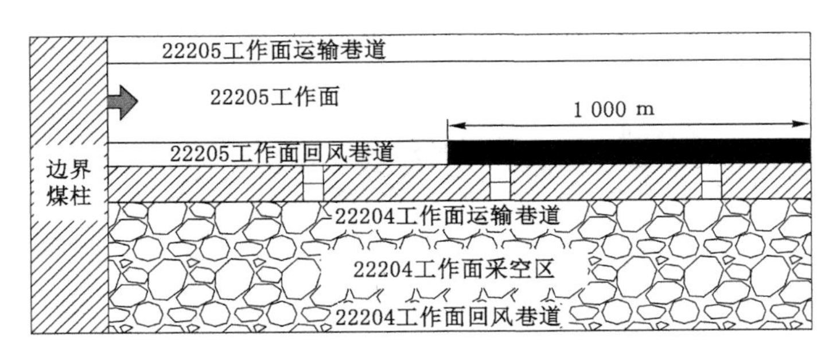

图 2-6　采动末期留巷表面移近量观测段位置示意图

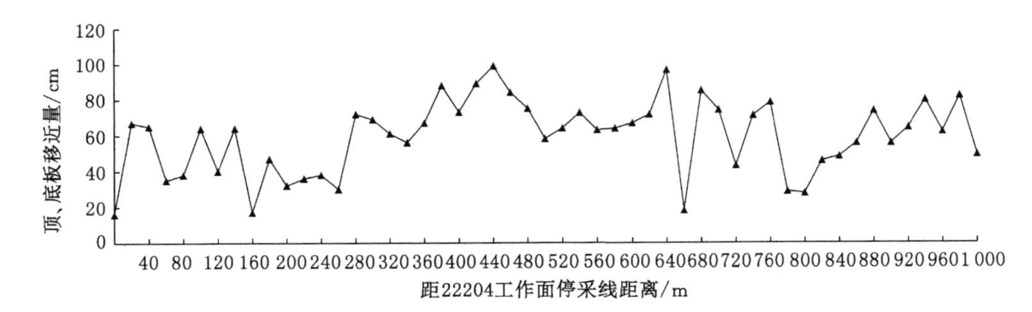

图 2-7　采动末期留巷顶、底板移近量

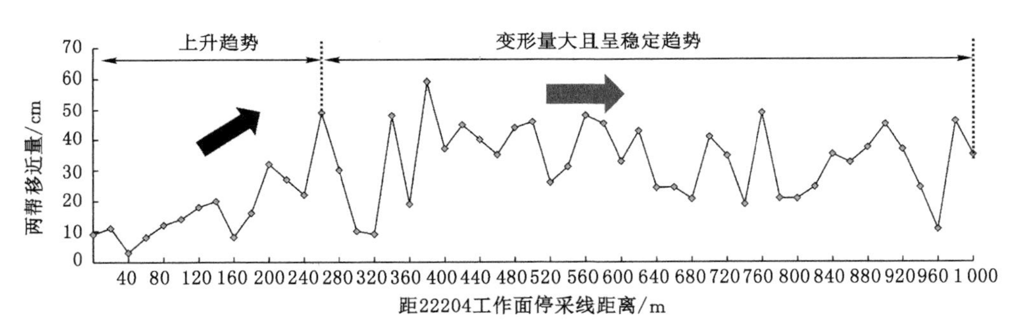

图 2-8　采动末期留巷两帮移近量

趋势；之后基本保持在平均值 33.6 cm 左右。

由两次观测的留巷不同区域顶、底板及两帮移近量可以看出：留巷受采动影响在超前工作面位置围岩移近量较小，变形较大区域在工作面后方；在滞后工作面区域，在对应工作面开采位置直至远离工作面一定区域内距离工作面越远围岩移近量越大，在工作面后方围岩移近量达到最大后保持稳定，直至距开切眼前方一定距离时又逐渐变小。

通过现场对布尔台煤矿 22205 工作面回风巷道受 22204 工作面开采影响围岩变形破坏情况的观测可知：留巷在对应工作面前方区域并未产生明显变形及围岩破碎现象，而在对应工作面位置围岩开始出现明显变形，在对应工作面后方区域受采动影响围岩变形量逐渐增大，距离工作面越远，围岩变形越明显，顶板由煤柱侧向煤壁侧变形量逐渐增大，底鼓较为严重，两帮变形范围也逐渐增大，直至工作面后方一定距离处变形量达到最大，并开始产生片帮网兜等现象，锚杆锚索破断失效，锚索锁具会崩出给行人带来安全隐患，部分 W 钢带被锚索沿孔眼撕裂、脱落，如图 2-9 所示。

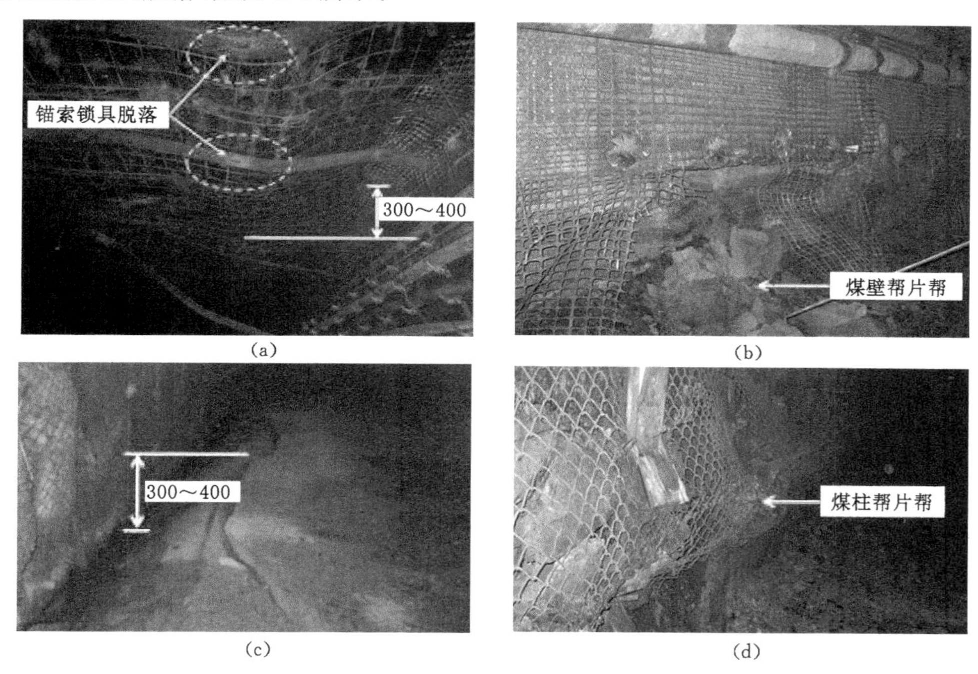

(a) 顶板下沉；(b) 煤壁帮片帮；(c) 底鼓；(d) 煤柱帮片帮。

图 2-9 留巷受采动影响围岩变形破坏状况

在 22205 工作面开采期间，留巷在工作面超前段变形量较大，片帮现象严重，顶板下沉出现网兜，底板底鼓，锚杆、锚索锁具脱落，其正常使用受到影响，从而严重影响采煤工作面的顺利推进和安全高效生产。

2.3 重复采动巷道数值模拟研究

为了解采动引起的围岩应力演化规律，采用 $FLAC^{3D}$ 软件进行分析。该软件采用拉格朗日连续介质法、混合离散法和动态松弛法，在国际岩土工程学术界和工业界得到普遍认可[115]。

2.3.1 数值模型的建立

岩石物理力学参数是数值模拟等研究的关键基础数据。根据现场观测、地质勘测资料，确定在布尔台煤矿 2-2 煤层顶板 20 m 范围内钻取岩芯，并按照《煤和岩石物理力学性质测定方法 第 1 部分：采样一般规定》(GB/T 23561.1—2009)加工成 ϕ50 mm×50 mm 和 ϕ50 mm×100 mm 两种规格的圆柱体岩样，进行巴西劈裂试验和单轴抗压试验。部分试样如图 2-10 所示。

在实验室岩石力学试验基础上，按照不同权重确定一定的折减系数，从而得到与现场实际较符合的岩体力学参数。在计算模型范围内，对物理力学性质相差不大的岩层进行组合

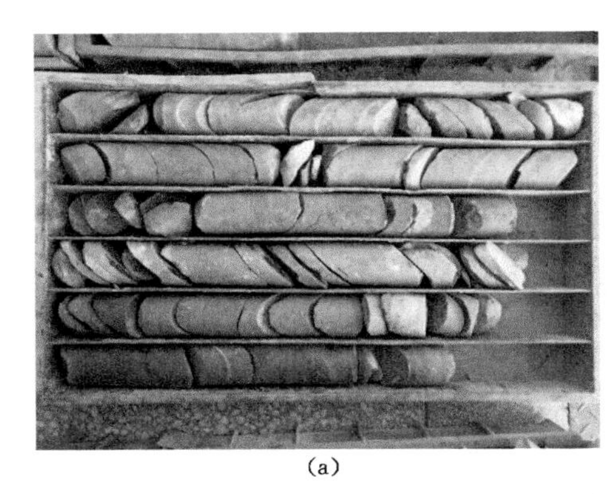

(a)

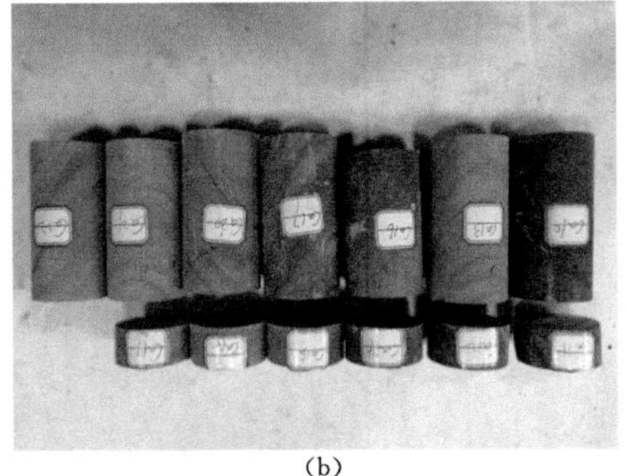

(b)

(a) 岩芯；(b) 岩石试样。

图 2-10 物理力学性质试验试样

并作简化处理。岩体力学参数见表 2-1。

表 2-1 模型岩体力学参数

岩层名称	厚度 /m	体积模量 /GPa	剪切模量 /GPa	密度 /(kg/m³)	黏聚力 /MPa	内摩擦角 /(°)	抗拉强度 /MPa
粗粒砂岩	30.0	5.4	2.5	2 500	15.0	39	2.67
砂质泥岩	18.0	5.45	3.1	2 580	9.0	34	2.32
细粒砂岩	6.0	5.45	3.1	2 440	6.0	32	1.67
砂质泥岩	12.0	4.3	2.0	2 440	4.0	30	0.9
中粒砂岩	5.0	4.4	2.5	2 500	4.6	32	1.7
砂质泥岩	7.5	2.5	1.5	2 440	3.0	27	0.95
2-2 煤	3.5	2.2	1.5	1 500	2.5	26	0.65
砂质泥岩	7.0	2.5	2.0	2 440	3.2	28	0.9
粉砂岩	7.0	4.5	2.3	2 500	1.2	33	2.0
细粒砂岩	6.0	6.6	3.2	2 500	1.4	35	2.67

莫尔-库仑本构模型是最常用的岩土本构模型，它适用于在剪应力下屈服的材料，可应用于边坡及地下开挖计算等。因此，本模拟选用莫尔-库仑本构模型。

由于初始应力场是分析开采空间围岩应力重新分布的基础，为了较真实地进行工程模拟仿真，在正确的初始应力分析结果的基础上进行动力计算，必须保证模拟开采前的初始应力场的可靠性。根据现场实际地质条件，神东矿区大部分煤层埋藏较浅，属于浅埋煤层，因此选择浅埋工程初始应力场的生成方法，此类方法的初始应力场主要是由岩、土体在自重作用下生成的。因此，模拟煤层的垂直初始应力按其上覆岩层重力计算，上覆岩层的平均重度为 25 kN/m³，煤层埋深为 300 m，则煤层垂直初始应力为 7.5 MPa。因所建模型煤层上覆岩层厚度为 80 m，因此在模型上部施加 5.5 MPa 的垂直载荷，以模拟上覆松散层自重。模型四周和底部为固定约束。水平初始应力采用 Initial 命令设置，设置时主要确定两个参数值，即初始值 σ_0 和梯度值 g_0，这两个值一般通过两个确定位置的应力值反算得到，计算式如式(2-1)所示。

$$\begin{cases}\sigma_{z1}=\sigma_0+g_0h_1\\ \sigma_{z2}=\sigma_0+g_0h_2\end{cases} \tag{2-1}$$

已知模型上表面的垂直应力 σ_{z1} 为－5.5 MPa，底部的垂直应力 σ_{z2} 为－8 MPa，模型高度 h_1 为 100 m，模型底面高度 h_2 为 0 m。因此，计算得出初始值 σ_0 为－8 MPa，梯度值 g_0 为 0.025 MPa/m。

以布尔台煤矿工程地质条件为基础建立数值模型，现场 22204 工作面长度为 320 m，22205 工作面长度为 303 m，22205 工作面回风巷道与 22204 工作面运输巷道之间煤柱宽度为 20 m。因此，建立模型尺寸为 1 000 m×1 400 m×100 m($x\times y\times z$)，如图 2-11 所示。

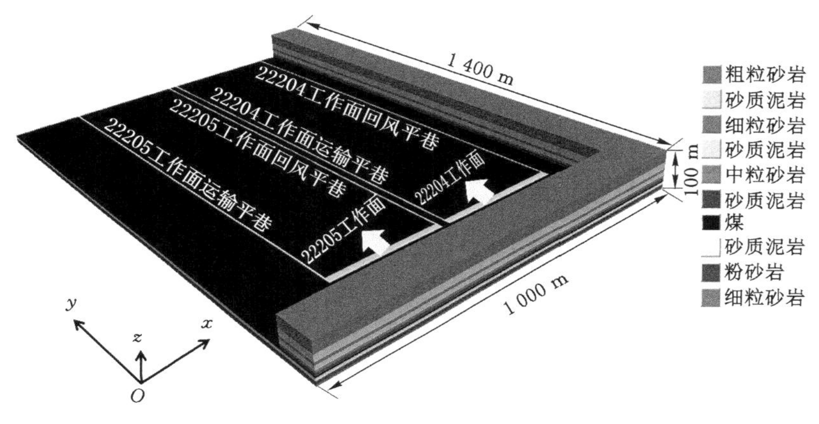

图 2-11 数值计算模型

2.3.2 采空区充填及效果验证

长壁工作面开采后，当采用全部垮落法处理采空区时，开采空间被直接顶垮落形成的松散岩体充填，形成垮落带[7]。在上覆岩层压力作用下，垮落带岩体被压实、固结，形成承载体再次承压，采空区材料表现出应变硬化特征，垮落矸石的承载能力将显著影响采空区周围的应力分布规律。因此，在长壁工作面开采数值模拟研究中，需要考虑采空区垮落矸石的压实过程。双屈服本构模型适用于模拟可产生不可恢复压缩变形和剪切屈服的岩土材料，可将其应用于模拟采空区充填材料和垮落带岩层[116]。

垮落带高度决定采空区的应力、变形和采动地表下沉规律，因此，确定垮落带的范围尤为重要。蒋力帅等[117]基于中、美两国大量矿井不同地质条件，通过统计回归分析得到了计算垮落带高度的统计回归公式(2-2)。

$$H=\frac{100h}{c_1h+c_2} \tag{2-2}$$

式中，h 为采高，m；c_1，c_2 为与顶板岩性有关的参数[118-119]，见表 2-2。由式(2-2)和表 2-2 可知，垮落带高度与采高和直接顶岩性有关。结合布尔台煤矿 22205 工作面煤岩层物理力学参数试验结果，计算得到工作面回采过程中的垮落带高度为 8.13 m。

表 2-2　参数 c_1、c_2 取值

直接顶坚硬程度	直接顶单轴抗压强度/MPa	c_1	c_2
坚硬	>40	2.1	16
较坚硬	20～≤40	4.7	19
软弱	≤20	6.2	32

因此，为了更准确地得到受采动影响巷道围岩应力场分布规律，采用双屈服本构模型模拟采空区充填材料的应变硬化特性，应用 M.Salamon 推导出的破碎岩体压缩过程应力-应变关系式(2-3)描述采空区充填材料变形特征。此式被国内外研究人员广泛认可并应用[120-122]。

$$\sigma_v = \frac{E_0 \varepsilon_V}{1 - \dfrac{\varepsilon_V}{\varepsilon_{max}}} \tag{2-3}$$

式中，σ_v 为采空区岩块所受垂直应力，MPa；E_0 为垮落带岩体的初始正切模量，MPa；ε_V 为垂直应力作用下的体应变；ε_{max} 为最大体应变。最大体应变可由式(2-4)求出。

$$\varepsilon_{max} = \frac{b-1}{b} \tag{2-4}$$

式中，b 为矸石碎胀系数。碎胀系数可由式(2-5)求得为 1.3，进而求得最大体应变 ε_{max} 为 0.23。

$$b = 1 + \frac{c_1 h + c_2}{100} \tag{2-5}$$

H. Yavuz[123] 基于大量岩石单轴压缩试验数据，通过回归分析得到了 E_0 的表达式(2-6)。

$$E_0 = \frac{10.39\sigma_c^{1.042}}{b^{7.7}} \tag{2-6}$$

式中，σ_c 为岩石单轴抗压强度，MPa。

最终得到垮落带岩体在压实过程中的应力-应变关系式(2-7)，由此式可知，垮落带岩体在压实过程中的应力-应变关系由碎胀系数 b 和单轴抗压强度 σ_c 确定[124-125]。采空区充填材料应力-应变关系如表 2-3 所示。

表 2-3　双屈服模型中的采空区充填材料应力-应变关系

应变	应力/MPa	应变	应力/MPa	应变	应力/MPa
0.01	0.33	0.08	3.83	0.15	13.40
0.02	0.68	0.09	4.61	0.16	16.31
0.03	1.08	0.10	5.52	0.17	20.18
0.04	1.51	0.11	6.57	0.18	25.6
0.05	2.00	0.12	7.81	0.19	33.61
0.06	2.53	0.13	9.31	0.20	46.88
0.07	3.14	0.14	11.12	0.21	72.92

$$\sigma_v = \frac{10.39\sigma_c^{1.042}}{b^{7.7}} \cdot \frac{\varepsilon_V}{1 - \frac{b}{b-1}\varepsilon_V} \tag{2-7}$$

为得到采空区充填材料双屈服模型参数，采用数值模拟方法进行单轴压缩试验。模型单元块为边长为 1 m 的正方体，在模型周边和底边固定位移，在模型顶部施加固定的垂直应力加载。将数值计算模型输出的块体应力-应变曲线与理论模型的应力-应变曲线相比较，结果如图 2-12 所示。

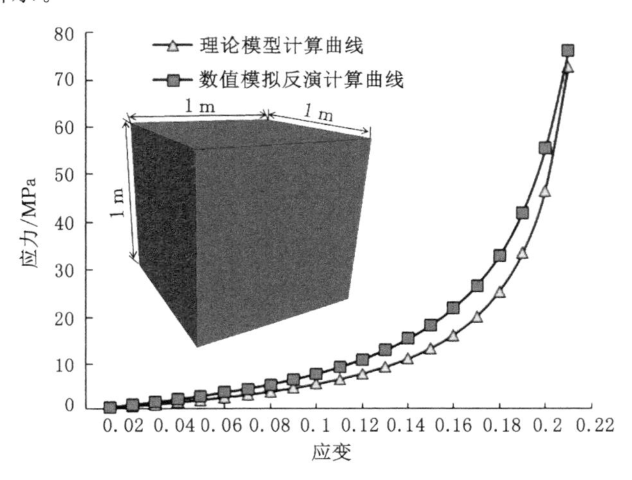

图 2-12 数值模拟反演与理论模型计算垮落带充填材料应力-应变曲线

由图 2-12 可以看出，数值模拟反演和理论模型计算结果吻合得很好，进而得到垮落带材料双屈服模型参数，如表 2-4 所示。

表 2-4 垮落带材料力学参数

体积模量/GPa	剪切模量/GPa	密度/(kg/m³)	内摩擦角/(°)	剪胀角/(°)
5.53	4.62	1 800	20	7

模拟 22204 工作面从开切眼位置沿 y 轴正方向(走向)推进过程，开切眼至边界(y 轴方向)留设 200 m 边界煤柱，以消除数值模拟边界效应。现场 22204 工作面采煤机的实际截深为 850 mm，双向割煤，往返一次割两刀，每日割煤 12 刀，共计推进 10.2 m。因此，模拟工作面每步开挖 10 m，并对采空区进行充填、平衡，推进 1 200 m 时停止。在工作面开采过程中，每开采 100 m，沿采空区中部 y 轴方向截取塑性区及垂直应力云图，并截取煤层平面垂直应力云图，计算结果如图 2-13 所示。随着工作面的推进，采空区应力逐渐恢复，直至工作面推进 300 m 时，采空区应力恢复至原岩应力；采空区下部煤层底板也逐渐恢复至原岩应力状态，这说明当采空区恢复至原岩应力状态时，其上覆岩层的压力通过采空区内已垮落压实的矸石传递至煤层底板；随着工作面的继续推进，采空区及其下部煤层底板内的原岩应力区域，沿着工作面推进方向(y 轴)逐渐扩大。

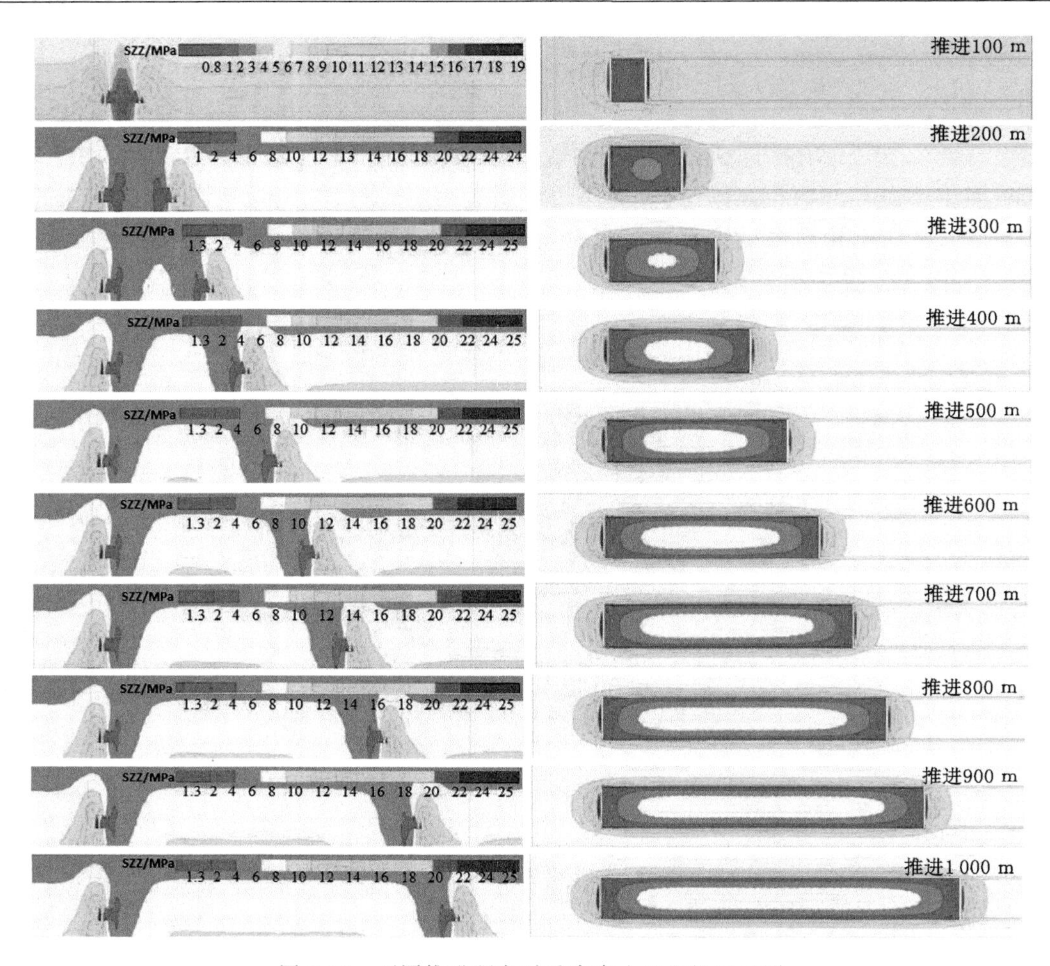

图 2-13　不同推进距离时垂直应力和塑性区云图

2.3.3　一次采动围岩支承压力演化规律

煤层在开采前处于原岩应力状态。煤体被开采后形成采空空间，引起周围煤岩体应力重新分布，即在采空区四周形成高于原岩应力的支承压力区。采空区周围煤岩体应力随着工作面的持续推进不断调整变化，图 2-14 为 22204 工作面推进 100～1 000 m 过程中，每推进 100 m 煤层垂直应力分布三维视图。

以 22204 工作面推进 1 000 m 为研究对象，截取煤层内垂直应力分布规律如图 2-15 所示。由图 2-15 可知：在围岩内形成应力集中区域，离采空区越远，垂直应力越小，直至达到原岩应力状态；在采空区内部形成应力恢复区域，采空区边缘垂直应力几乎为零，向内形成弧状的应力递增圈，直至采空区中部恢复至原岩应力状态。

为得到工作面开采对围岩以及采空区内垂直应力分布的影响规律，在工作面每推进 100 m 时，沿工作面中部 y 轴方向（走向）提取出垂直应力，生成曲线如图 2-16 所示。

通过提取工作面推进不同距离时 A—A 剖面垂直应力分布情况可知，垂直应力曲线基本呈沿采空区中部对称的“双峰值”曲线，峰值点位于工作面前方煤壁及后方边界煤柱内，在

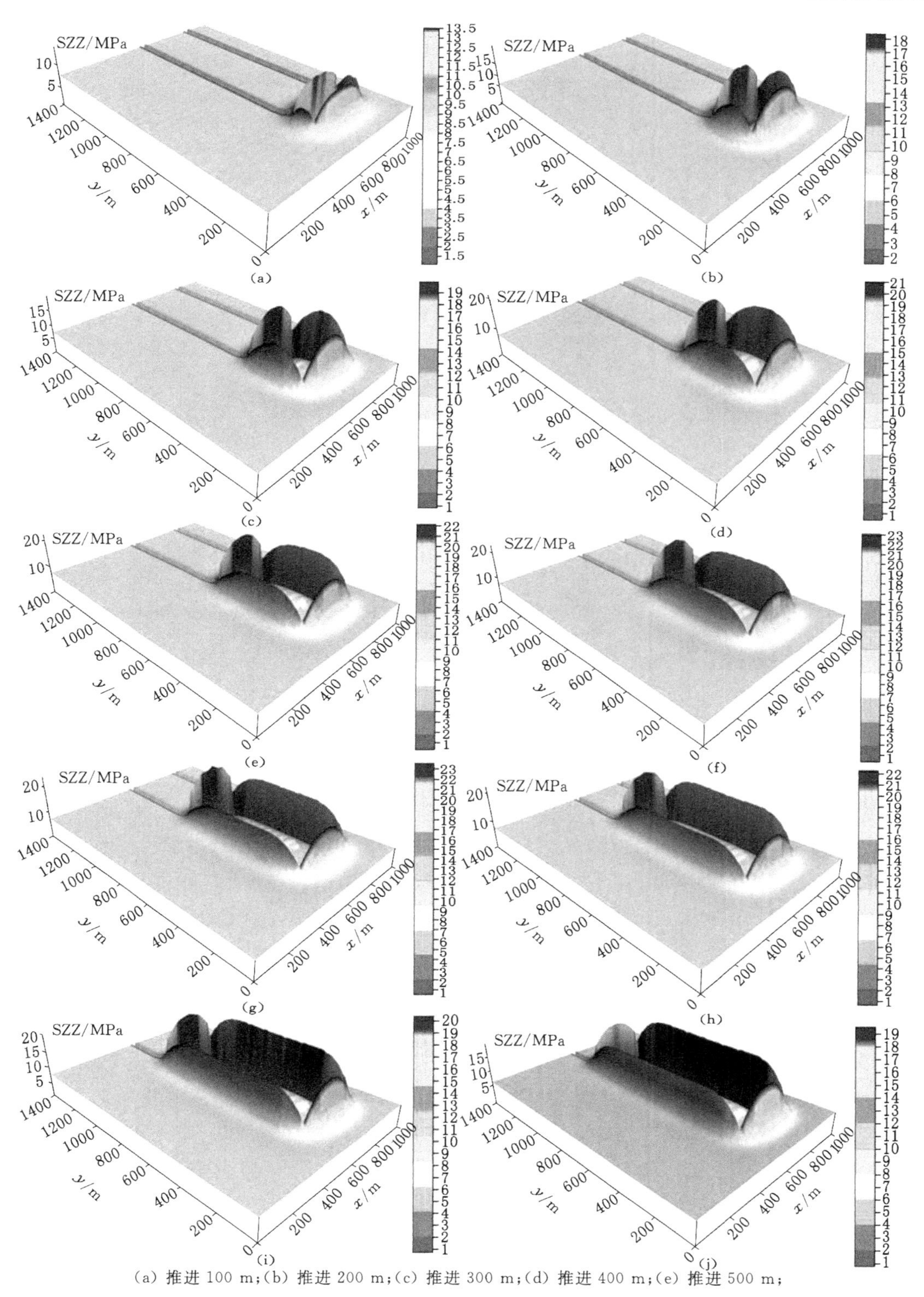

(a) 推进 100 m;(b) 推进 200 m;(c) 推进 300 m;(d) 推进 400 m;(e) 推进 500 m;
(f) 推进 600 m;(g) 推进 700 m;(h) 推进 800 m;(i) 推进 900 m;(j) 推进 1 000 m。

图 2-14　一次采动煤层垂直应力分布三维视图

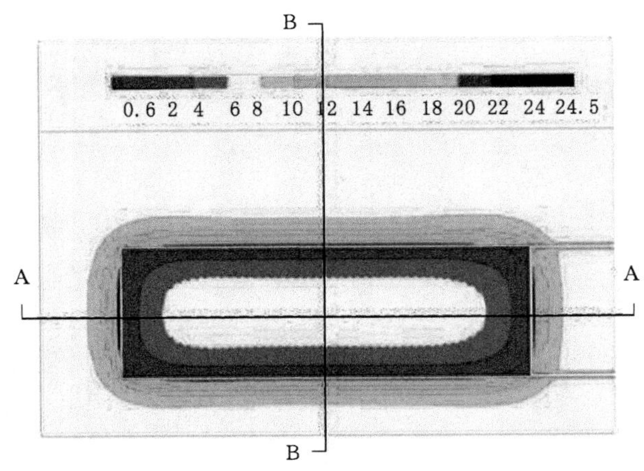

图 2-15　工作面推进 1 000 m 煤层垂直应力分布图(单位:MPa)

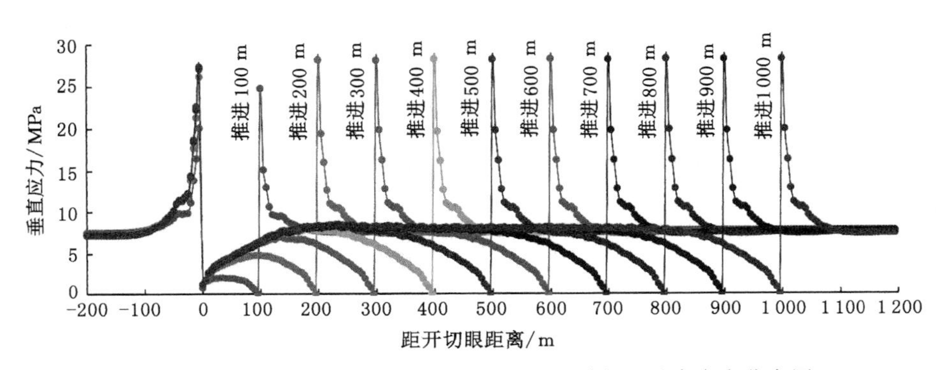

图 2-16　工作面中部沿采空区走向(A—A 剖面)垂直应力分布图

中部采空区范围内呈现“拱形”的垂直应力分布特征。当工作面推进 100 m 时,在工作面煤壁前方 200 m 以外呈现原岩应力状态,在 80～200 m 范围内垂直应力受工作面扰动影响略有降低,形成应力微变区域,在 0～80 m 范围内垂直应力逐渐上升,且在工作面前方 25 m 范围内迅速增加,形成超前支承压力区域,峰值达到约 24.7 MPa;在采空区后方边界煤柱处,采动影响范围正好与前方范围对称,但其峰值略小约为 20 MPa,分析原因是工作面位置液压支架处保留 5 m 空间未进行采空区充填,致使工作面煤壁内峰值应力略有升高;采空区边缘垂直应力基本为 0,向采空区中部逐渐增大至 2 MPa。随着工作面的继续开采,在煤壁前方及采空区后方边界煤柱处,采动影响范围几乎没有变化,但垂直应力逐渐增大,当工作面推进 400 m 时,工作面前方煤壁处垂直应力达到最大约 28.1 MPa,工作面后方煤壁处垂直应力同样达到峰值 27.3 MPa;采空区中部垂直应力同样逐渐增加,至工作面推进400 m 时,达到原岩应力状态。随着工作面的继续开采,工作面前方、后方垂直应力峰值均不再增长,前方垂直应力峰值点随着工作面的推进逐渐前移,采空区垂直应力峰值范围逐渐扩大。

当工作面推进 1 000 m 时,在其后方每隔 100 m 沿采空区倾向(x 轴方向)提取垂直应力,绘制成曲线如图 2-17 所示。

由垂直应力曲线分布情况可知,沿采空区倾向垂直应力分布规律与沿采空区走向垂直应力分布规律大致相同,均呈沿采空区中部对称的“双峰值”曲线,采空区两侧的采动影响范

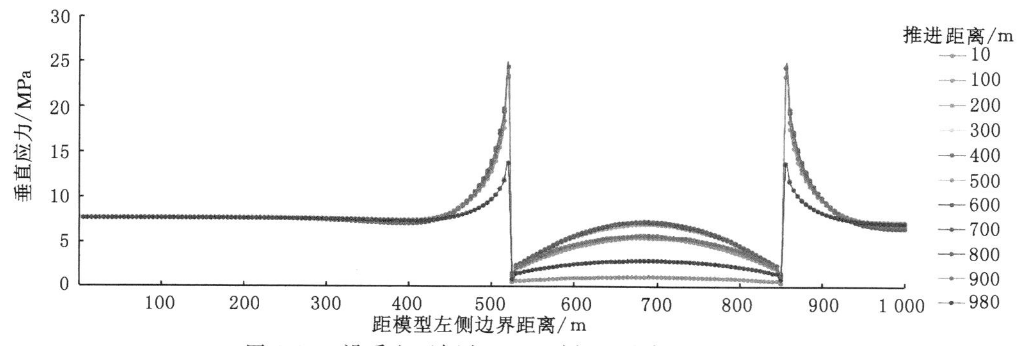

图 2-17 沿采空区倾向(B—B 剖面)垂直应力分布图

围也基本相同。在工作面后方 10 m 位置,采空区两侧的垂直应力峰值约为 14.9 MPa,采空区中部的峰值约为 0.89 MPa;随着远离工作面,直至工作面后方 200 m 位置,两侧垂直应力峰值达到最大约 24.5 MPa,采空区中部达到原岩应力约 7.5 MPa;至工作面后方 800 m,采空区两侧垂直应力峰值一直稳定在大约 24.5 MPa;在工作面后方 800 m 以外,垂直应力峰值逐渐降低,在工作面后方 980 m 位置,采空区中部垂直应力峰值约为 0.89 MPa。

2.4 一次采动留巷围岩应力场分布规律研究

回采巷道围岩变形破坏呈现出明显的非均匀、非对称等形态,而支承压力仅仅能描述竖直方向力的大小变化。因此,为了更加深入地分析工作面回采对留巷围岩应力的影响,以巷道在采动过程中的围岩主应力为指标,分析巷道围岩应力场环境,探究不同阶段巷道围岩应力的变化过程。

莫尔-库仑强度准则是目前应用最为广泛的强度准则,它能够较全面地反映岩石的强度特性。由莫尔-库仑强度准则公式(2-8)可以看出[126],巷道围岩任一点的破坏与作用在该点的最大和最小主应力有关。

$$\sigma_1 = 2C\frac{\cos\varphi}{1-\sin\varphi} + \frac{1+\sin\varphi}{1-\sin\varphi}\sigma_3 \tag{2-8}$$

式中,σ_1为最大主应力;σ_3为最小主应力;C 为岩石黏聚力;φ 为岩石内摩擦角。

一般情况下,某一点处的应力状态可以分解为两部分:一部分是各向相等压(或拉)应力,它主要导致体积的改变;另一部分是各向异性的偏应力张量,它是产生形状变化的主要因素[127],而试验证明塑性变形基本是形状变化产生的。在轴对称空间中偏应力张量可以简化成偏应力分量 σ_s,规定主应力差为最大与最小主应力之差。表达式(2-9)即表示最大主偏应力与最小主偏应力之差,它是影响巷道围岩塑性区形态的核心因素[128]。

$$\sigma_s = \sigma_1 - \sigma_3 \tag{2-9}$$

巷道围岩的非均匀受力能够造成其产生非对称变形。采用最大与最小主应力之比 η 来表征巷道围岩受力的非均匀程度。

$$\eta = \frac{\sigma_1}{\sigma_3} \tag{2-10}$$

因此,以最大主应力、最小主应力、主应力差和主应力比这四个核心因素为切入点,研究

22204 工作面开采对留巷所处位置围岩应力场的影响。

2.4.1 一次采动采空区侧方围岩应力场分布特征

回采巷道围岩破坏取决于采动引起的应力场。在岩体环境一定时，工作面采动引起的留巷侧应力分布，可大致认为是留巷产生塑性破坏前的周边应力状态[129]。工作面侧方主应力分布是进行煤柱尺寸设计、巷道断面选择、巷道支护设计的一个重要的参考指标。由2.3.3小节采场围岩支承压力分布规律可知，当工作面推进 200 m 以后，采空区煤柱侧在中部垂直应力峰值不再变化，且持续范围较大。因此，在数值模拟 22204 工作面推进 1 000 m 时，选取工作面后方 500 m 位置采空区倾向（x 轴方向）截面进行研究，并在此位置煤层内每隔 5 m 提取采空区侧方 200 m 范围内的主应力数据，为分析留巷围岩塑性区形态特征提供力学基础。

（1）最大主应力分布特征

由采空区侧方最大主应力分布云图 2-18 可以看出，最大主应力集中在采空区边缘及煤柱上方位置，呈现出“月牙”形状，月牙上角在采空区边缘上部，下角在工作面侧方煤柱内，越靠近月牙中部，最大主应力越大，最大约 27.7 MPa。这是由于煤层开采后，直接顶垮落充填采空区，其上覆基本顶在此位置断裂、垮落，断裂后的弧形块承载上覆岩层的重力，从而造成该位置应力集中，采空区边缘下部的应力降低。

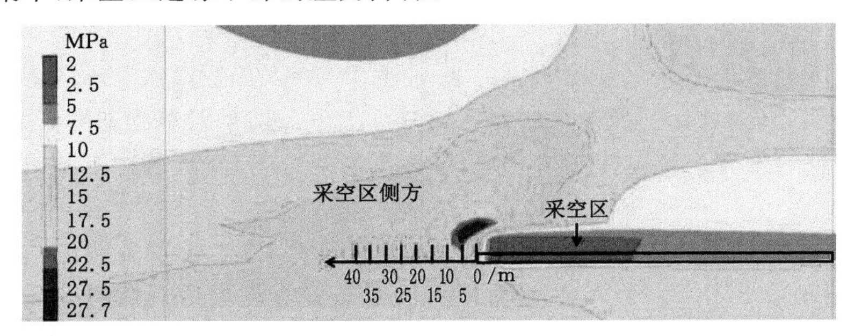

图 2-18　采空区侧方最大主应力分布云图

最大主应力曲线如图 2-19 所示。结合最大主应力分布云图可以看出：曲线在－200～－40 m范围内呈现直线状，应力几乎没有变化，为 11.5～13.2 MPa；在－40～0 m 范围内，曲线呈现明显的上升趋势，越靠近采空区，曲线斜率越大。在采空区侧方 0～10 m 范围内，最大主应力为 20～24.3 MPa，超过煤体的单轴抗压强度。结合其上部的应力集中现象可知，在该区域布置巷道，对巷道围岩稳定极为不利。可以推断，在工作面侧方 40 m 范围内布置巷道，巷道都将受到明显的采动影响。

（2）最小主应力分布特征

由采空区侧方最小主应力分布云图 2-20 可以看出，最小主应力在采空区边缘煤柱上方、下方位置均有集中。其中，在煤柱上方应力集中位置与最大主应力应力集中位置基本相同，最大值为 14～14.3 MPa；在煤柱下方应力集中位置离采空区较远，最大值为 13～14 MPa。上下两部分的应力集中，形成了一条宽度约为 25 m 的应力集中带，采空区侧方煤层正好穿过此带。

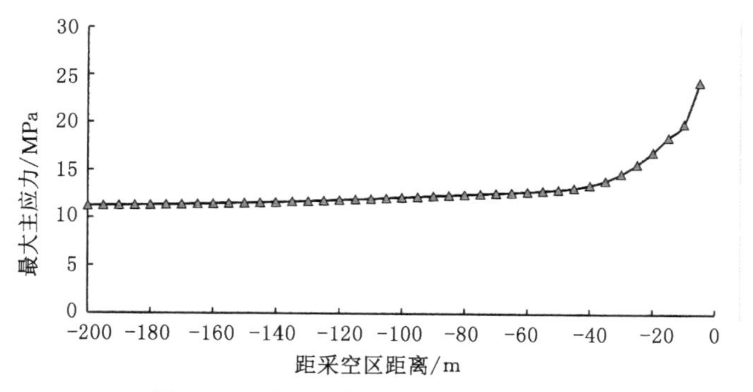

图 2-19　采空区侧方最大主应力曲线

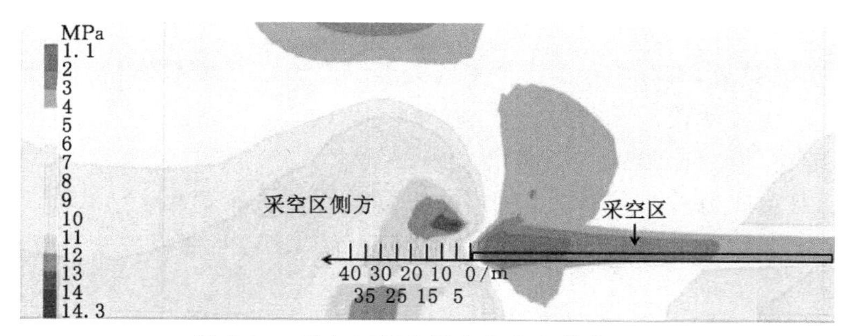

图 2-20　采空区侧方最小主应力分布云图

最小主应力曲线如图 2-21 所示。结合最小主应力分布云图可以看出：曲线在－200～－100 m范围内呈现直线状，越靠近采空区，应力值有所下降，但变化幅度很小，基本维持在原岩应力状态，应力值为 7.0～7.6 MPa；在－100～－35 m 范围内，曲线呈现明显的上升趋势，随着靠近采空区，曲线斜率先增大后减小；在－35～15 m 范围内，最小主应力保持稳定，为11.1～11.4 MPa，约为原岩应力的 1.5 倍；在－15～0 m 范围内，曲线呈现下降趋势，在采空区边缘最小主应力仅为 7.1 MPa。

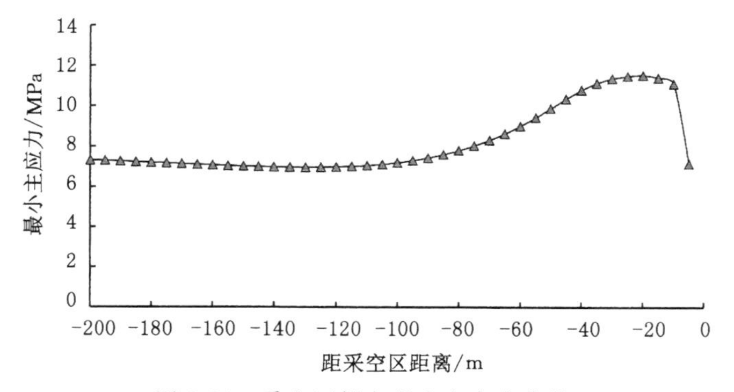

图 2-21　采空区侧方最小主应力曲线

（3）主应力差分布特征

由采空区侧方主应力差分布云图 2-22 可以看出，主应力差集中在采空区边缘及煤柱上方位置，与最大主应力集中位置基本一致，也呈现“月牙”形状，其最大值约 19.5 MPa。有所不同的是,在煤层中主应力差集中影响范围很小,大约在 20 m 内,在该范围以外形成主应力差的降低区。

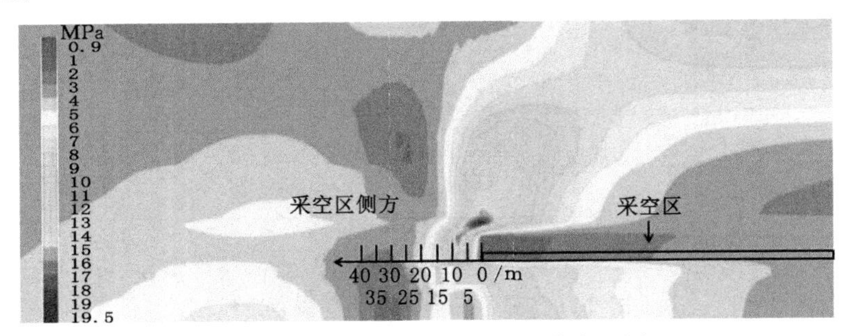

图 2-22　采空区侧方主应力差分布云图

主应力差曲线如图 2-23 所示。结合主应力差分布云图可以看出:主应力差曲线相对最大、最小主应力曲线波动较大。曲线在－200～－100 m 范围内呈现上升的态势,越靠近采空区主应力差越高,但变化幅度很小,为 3.9～4.9 MPa;在－100～－40 m 范围内,曲线呈现明显的下降趋势,主应力差在采空区侧方 40 m 位置达到最小值(约为 2.7 MPa);在－40～0 m范围内,越靠近采空区主应力差越大,最大值为 17 MPa,且曲线斜率也逐渐增大。

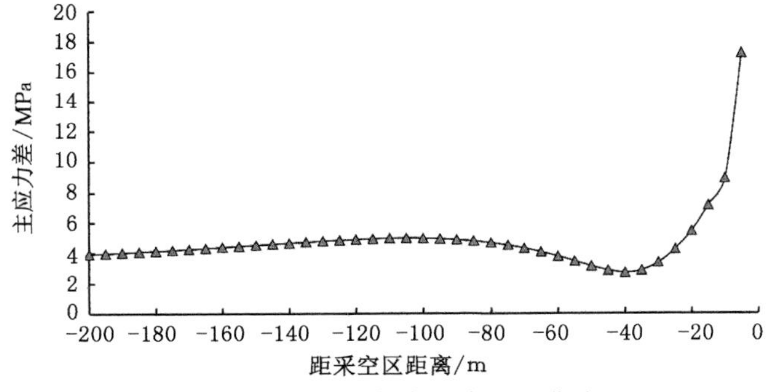

图 2-23　采空区侧方主应力差曲线

(4) 主应力比分布特征

从采空区侧方主应力比分布云图 2-24 可以看出,主应力比集中位置与最大、最小主应力及其差有所不同,分布在采空区边缘,在采空区上方主应力比达到最大(约为 7.7);在煤层中主应力比集中影响范围很小,大约在 10 m 内,而在该范围以外形成主应力比的降低区域;随着远离采空区,主应力比下降的幅度越发明显,直到 50 m 以外,主应力比达到1.5～2。

主应力比曲线如图 2-25 所示。结合主应力比分布云图可以看出:主应力比曲线分布特征与主应力差的几乎相同。曲线在－200～－100 m 范围内呈现上升的态势,越靠近采空区比值越高,但变化幅度很小,为 1.53～1.68;在－100～－40 m 范围内,曲线呈现明显的下降趋势,主应力比在采空区侧方 40 m 位置达到最小值(约为 1.25);在－40～0 m 范围内,越靠近采空区主应力比越大,最大值为 3.4,且曲线斜率也逐渐增大。

22205 工作面回风巷道布置在 22204 工作面采空区侧方 20～25 m 范围内,其最大主应力达 15.7～17 MPa,最小主应力约为 11.5 MPa,主应力差达 4.2～5.5 MPa,主应力比为

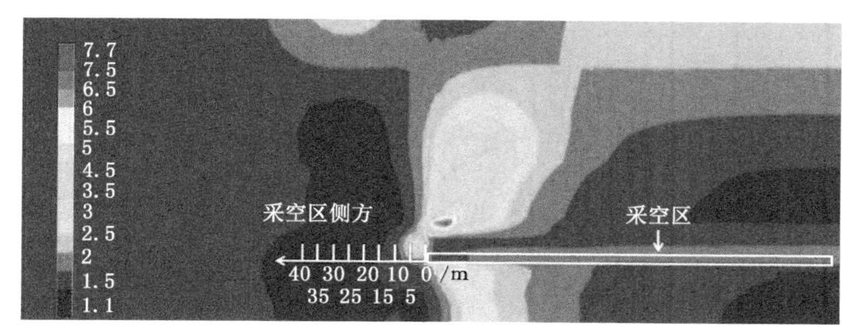

图 2-24 采空区侧方主应力比分布云图

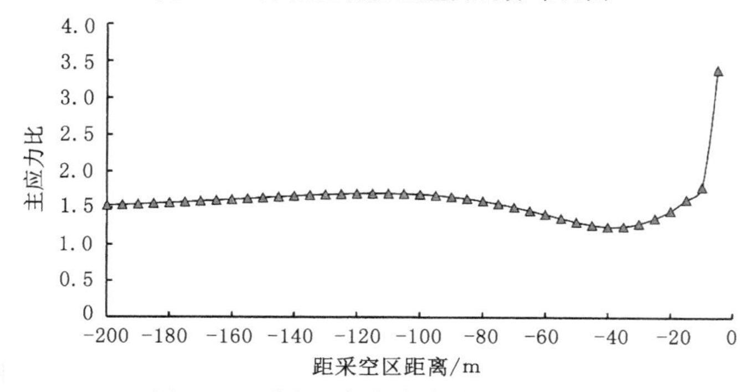

图 2-25 采空区侧方主应力比分布曲线

1.37～1.48。通过以上分析可以看出，留巷所处位置围岩的最大主应力与最小主应力均出现了较为明显的应力集中现象，处于采空区侧方的高偏应力差值带、低围压比值带内，从而为巷道围岩塑性区扩展及形态分布提供了应力环境。

2.4.2 一次采动围岩应力分布特征

为了得到受采动影响留巷轴向应力分布规律，模拟工作面从开切眼位置沿走向（y 轴方向）推进 1 000 m 过程，在工作面每推进 100 m 时，提取巷道位置轴向（y 轴方向）主应力数据，绘制成曲线如图 2-26 至图 2-29 所示。

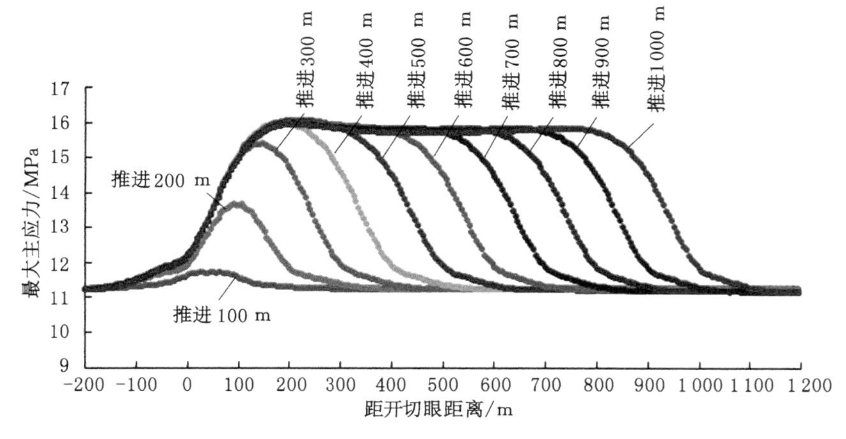

图 2-26 一次采动留巷轴向最大主应力曲线

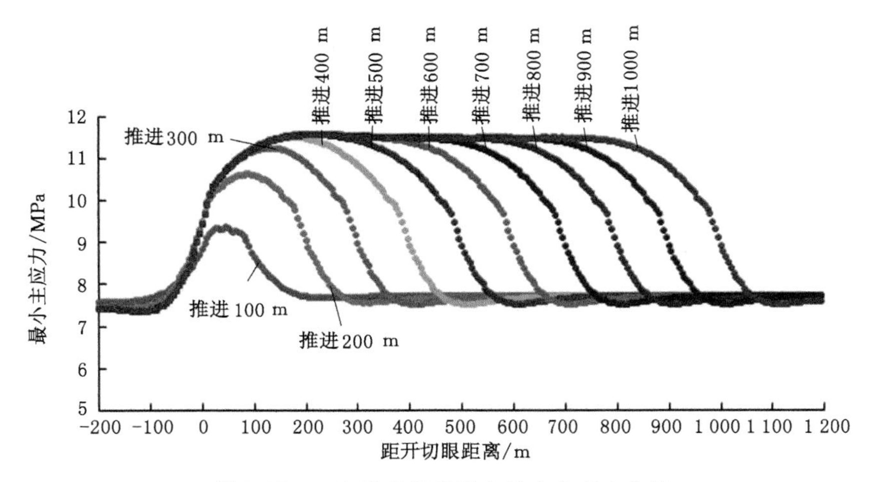

图 2-27　一次采动留巷轴向最小主应力曲线

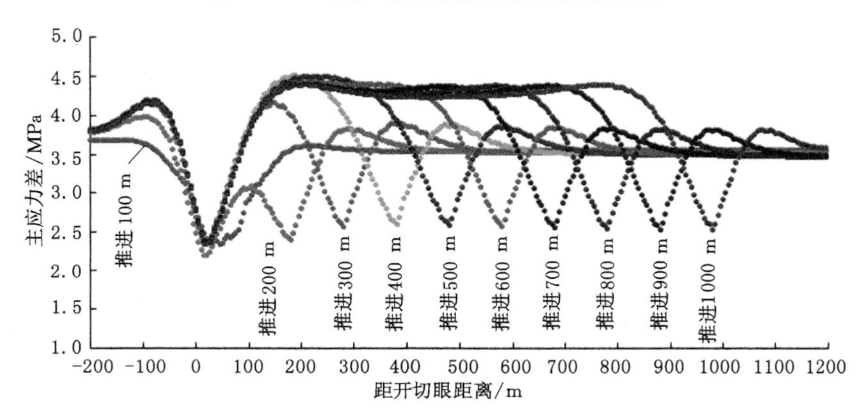

图 2-28　一次采动留巷轴向主应力差曲线

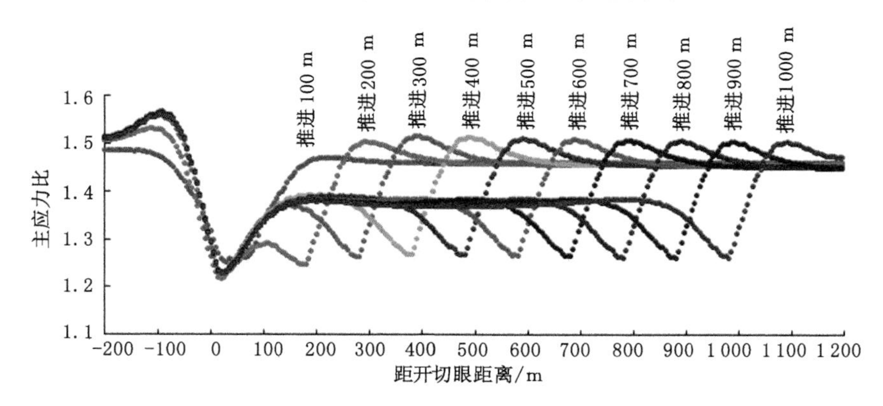

图 2-29　一次采动留巷轴向主应力比曲线

(1) 最大主应力

在采空区范围内，当工作面由距开切眼 100 m 至推进 400 m 时，最大主应力曲线呈单峰值分布，峰值位置在采空区中部，并且随着采空区范围的扩大，峰值逐渐升高；当工作面推进 400 m 时，峰值达到最大，由工作面推进 100 m 时的 11.7 MPa 增加到 16.2 MPa；当工作面推进范围为 400～1 000 m 时，峰值趋于稳定，但峰值范围随工作面的推进逐渐扩大。

由图 2-16 和图 2-26 可知：在 22204 工作面自开切眼向前推进 400 m 的过程中，采空区顶板随采随垮，但并未压实，采空区上覆岩层应力向周边煤岩体转移，留巷主应力峰值逐渐升高；当工作面推进 400 m 左右时，采空区中部垮落体被压实，并恢复至原岩应力状态，其上覆岩层应力通过已压实垮落体向煤层底板传递，此时留巷主应力峰值达到最大；随着工作面的继续开采，采空区中部应力恢复范围逐渐扩大，留巷对应的应力恢复范围亦逐渐扩大。

（2）最小主应力

在采空区范围内，当工作面由距开切眼 100 m 至推进 400 m 时，最小主应力曲线呈单峰值分布，峰值位置在采空区中部，并且随着采空区范围的扩大，峰值逐渐升高；当工作面推进 400 m 时，峰值达到最大，由工作面推进 100 m 时的 9.3 MPa 增加到 11.5 MPa；当工作面推进范围内 400～1 000 m 时，峰值趋于稳定，但峰值范围随工作面的推进逐渐扩大。

（3）主应力差

在采空区范围内，当工作面距开切眼 100 m 时，主应力差最小，只有约 2.3 MPa，低于采空区两侧未受采动影响区域的主应力差，这说明在工作面推进 100 m 时，此位置最大主应力上升幅度小于最小主应力上升幅度，两者在采空区中部相差最小；当工作面由距开切眼 200 m 至推进 400 m 时，主应力差曲线呈单峰值分布，峰值位置在采空区中部，并且随着采空区范围的扩大，峰值逐渐升高；当工作面推进 400 m 时，峰值达到最大，为 4.5 MPa；当工作面推进范围为 400～1 000 m 时，峰值趋于稳定。

（4）主应力比

在采空区范围内，当工作面距开切眼 100 m 时，留巷对应的主应力比很小，只有约1.25，这说明工作面推进 100 m 时，此位置最大主应力上升幅度没有最小主应力上升幅度大，两者此时相差很小；当工作面由距开切眼 200 m 至推进 400 m 时，留巷主应力比曲线呈单峰值分布，峰值位置在采空区中部，并且随着采空区范围的扩大，峰值逐渐升高；当工作面推进 400 m 时，峰值达到最大，为 1.39；当工作面推进范围为 400～1 000 m 时，峰值趋于稳定。

综合分析主应力差及主应力比曲线变化规律可知：当工作面推进距离超过 400 m 以后，留巷轴向主应力差变化特征为，其特征曲线左右大致对称，中部高且平缓、左右两侧较低且变化幅度大。留巷轴向主应力比变化特征为，其特征曲线左右大致对称，中部低且平缓、左右两侧较高且变化幅度大。可以将主应力差及主应力比变化特征分为七个阶段，当工作面推进 1 000 m 时，主应力差及主应力比七阶段示意图如图 2-30 所示。

第一阶段，在工作面煤壁前方 80～200 m 范围内，此阶段留巷开始受采动影响，最大主应力逐渐上升，最小主应力逐渐下降，两者差距逐渐加大，主应力差及主应力比逐渐上升，此阶段为应力初期扰动阶段；第二阶段，在工作面煤壁前方 80 m 到工作面煤壁后方 10 m 范围内，此阶段在煤壁前方约 80 m 位置最小主应力出现拐点，开始上升，主应力差及主应力比达到一个小的峰值，此范围内最大主应力亦上升，但最大主应力与最小主应力差距逐渐缩小，主应力差及主应力比逐渐下降，此阶段为应力初期调整阶段；第三阶段，在工作面煤壁后方 10～200 m 范围内，在对应工作面煤壁后方 10 m 处主应力差及主应力比出现上升拐点，此阶段最大、最小主应力同时增加，但两者差距逐渐加大，主应力差及主应力比均逐渐升高，只是主应力差的上升幅度比较大、主应力比的上升幅度比较小，此阶段为滞后剧烈影响阶段；第四阶段，在工作面煤壁后方 200 m 到距开切眼 200 m 范围内，最大、最小主应力大小

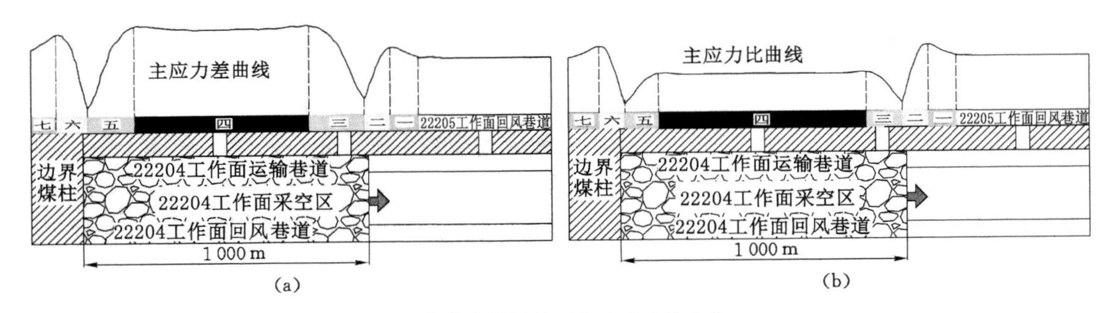

(a) 主应力差曲线;(b) 主应力比曲线。

图 2-30　一次采动留巷主应力差及主应力比七阶段示意图

不变,主应力差及主应力比也不发生变化,主应力差达到最大值并保持稳定,随着工作面的推进,此阶段的影响范围不断扩大,此阶段为滞后影响稳定阶段;第五阶段,在距开切眼10～200 m范围内,最大、最小主应力逐渐减小且两者差距缩小,主应力差及主应力比逐渐降低;第六阶段,在距开切眼 10 m 到边界煤柱后 80 m 范围内,此阶段最大、最小主应力减小但两者差距逐渐增大,主应力差及主应力比逐渐上升;第七阶段,在边界煤柱后距开切眼80～200 m 范围内,此阶段最大主应力减小、最小主应力增大,两者差距逐渐减小,主应力差及主应力比逐渐下降。

通过分析主应力曲线分布特征可知,留巷受采动影响,围岩主应力变化幅度较大位置主要在工作面后方,在此工程地质条件下,主应力在工作面煤壁后方 200 m 达到稳定,在稳定阶段最大、最小主应力都达到最大,且随着工作面的推进稳定阶段范围逐渐扩大;前三个阶段随着工作面的推进逐渐前移,但影响范围及变化幅度基本不发生变化;后三个阶段影响范围及变化幅度亦基本不随工作面的推进而发生改变。

2.4.3　一次采动围岩主应力方向分布特征

随着工作面的开采,采空区顶板会产生垮落、裂隙、弯曲下沉,侧向留巷会受到采空区上覆岩层传递的作用力的影响,留巷围岩主应力大小发生改变的同时,方向也会发生变化,而主应力方向的改变对研究留巷围岩变形破坏特征具有重要的意义。所以应综合考虑留巷围岩主应力的大小和方向。

当工作面开采以后,采空区周边垂直应力明显增大,而且三个主应力互相垂直。因此,本书研究最大主应力方向与垂直方向的夹角,进而研究留巷围岩主应力方向的偏转情况。根据弹性力学中空间问题的基本理论[129],主应力方向的偏转角度可用方向余弦来表示。现假定物体在任一点的六个应力分量 σ_x、σ_y、σ_z、$\tau_{xy}=\tau_{yx}$、$\tau_{zx}=\tau_{xz}$、$\tau_{yz}=\tau_{zy}$ 为已知的,则主应力方向余弦与应力状态的关系可用式(2-11)表示:

$$\begin{cases} l_n\sigma_x + m_n\tau_{yx} + n_n\tau_{zx} = l_n\sigma \\ l_n\tau_{xy} + m_n\sigma_y + n_n\tau_{zy} = m_n\sigma \\ l_n^2 + m_n^2 + n_n^2 = 1 \end{cases} \tag{2-11}$$

式中,l,m,n 分别表示某一点主应力法向 N 在 x、y、z 轴的方向余弦。即 $\cos(N,x)=l$、$\cos(N,y)=m$、$\cos(N,z)=n$。

由于式(2-11)为齐次方程组,因此可以得到最大主应力 σ_1 在 z 轴的方向余弦,从而可得到留巷围岩各点最大主应力方向余弦求解表达式:

$$\begin{cases}(\sigma_x-\sigma_1)l_1+\tau_{xy}m_1+\tau_{zx}n_1=0\\ \tau_{xy}l_1+(\sigma_y-\sigma_1)m_1+\tau_{zy}n_1=0\end{cases} \tag{2-12}$$

两式同除以 n_1,可得表达式:

$$\begin{cases}(\sigma_x-\sigma_1)\dfrac{l_1}{n_1}+\tau_{xy}\dfrac{m_1}{n_1}+\tau_{zx}=0\\ \tau_{xy}\dfrac{l_1}{n_1}+(\sigma_y-\sigma_1)\dfrac{m_1}{n_1}+\tau_{zy}=0\end{cases} \tag{2-13}$$

由此可以求得比值 m_1/n_1 及 l_1/n_1,进而求得 n_1,由方向余弦即可求得该点主应力的方向。

$$\begin{cases}\dfrac{m_1}{n_1}=\dfrac{(\sigma_1-\sigma_x)\tau_{zy}+\tau_{zx}\tau_{xy}}{(\sigma_1-\sigma_x)(\sigma_1-\sigma_y)-\tau_{xy}^2}\\ \dfrac{l_1}{n_1}=\dfrac{(\sigma_1-\sigma_y)\tau_{zx}+\tau_{xy}\tau_{zy}}{(\sigma_1-\sigma_x)(\sigma_1-\sigma_y)-\tau_{xy}^2}\end{cases} \tag{2-14}$$

$$n_1=\frac{1}{\sqrt{1+\left(\dfrac{l_1}{n_1}\right)^2+\left(\dfrac{m_1}{n_1}\right)^2}} \tag{2-15}$$

根据式(2-15),采用数值模拟方法将目标位置所需参量直接导出,并进行主应力方向的运算,通过计算得出主应力沿 z 轴方向余弦的绝对值,再根据方向余弦绝对值计算出偏转角度[130]。为了得到采空区侧向主应力方向变化情况,在工作面开采 1 000 m 时提取采空区中部位置侧向主应力方向数据,绘制出留巷最大主应力方向与 z 轴的夹角曲线,如图 2-31 所示。

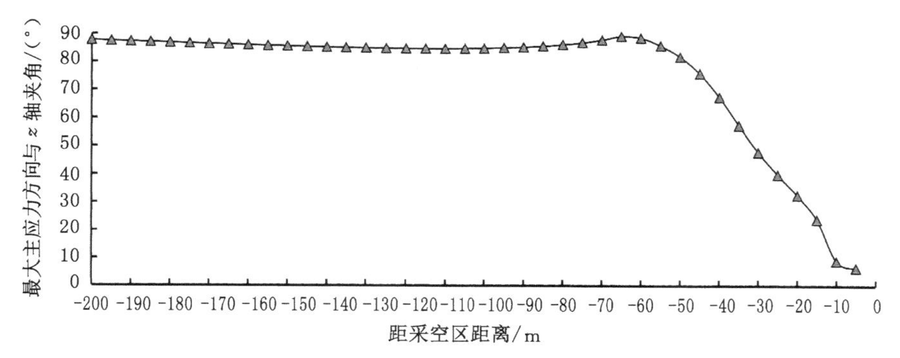

图 2-31 工作面侧向最大主应力方向与 z 轴夹角曲线

由图 2-31 可以看出,在近采空区位置,最大主应力方向与 z 轴的夹角较小,随着远离采空区,最大主应力方向与 z 轴的夹角逐渐增加,在 60 m 以外最大主应力方向基本不再发生变化。在采空区侧方 0～60 m 范围内,最大主应力方向变化较大,表 2-5 为采空区侧向不同位置最大主应力方向分布计算结果。

表 2-5　采空区侧向不同位置最大主应力方向分布

距采空区距离/m	与竖直方向夹角/(°)	距采空区距离/m	与竖直方向夹角/(°)	距采空区距离/m	与竖直方向夹角/(°)
5	6.46	25	39.95	45	75.88
10	8.96	30	47.92	50	81.88
15	23.91	35	57.50	55	85.96
20	32.64	40	67.50	60	88.70

由表 2-5 可以看出，在近采空区位置，最大主应力方向与 z 轴的夹角为 6.46°，近乎竖直，随着远离采空区，最大主应力方向逐渐转向水平，最大主应力方向变化较大，最大主应力方向与 z 轴的夹角逐渐增加至距离采空区 60 m 时的 88.70°。

为获得留巷整体受采动影响后最大主应力方向变化情况，以工作面推进 1 000 m 留巷轴向最大主应力方向数据为基础，绘制出留巷轴向最大主应力方向与 z 轴的夹角曲线，如图 2-32 所示。

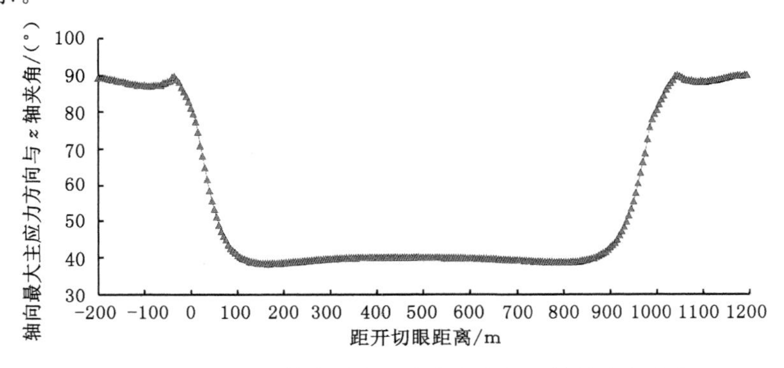

图 2-32　留巷轴向最大主应力方向与 z 轴的夹角曲线

由图 2-32 可以看出，在开切眼后方 40～200 m 范围内，最大主应力方向近乎水平；在开切眼后方 40 m 到开切眼前方 130 m 范围内，最大主应力方向与 z 轴的夹角逐渐减小，且减小的幅度比较大，由最初的约 89°减小到约 38°，说明在此范围内最大主应力方向逐渐从水平方向向竖直方向偏转；在开切眼前方 130 m 到开切眼前方 890 m 范围内，最大主应力方向与 z 轴的夹角几乎没有变化，保持稳定状态；在开切眼前方 890 m 到停采线前方 40 m 范围内，最大主应力方向与 z 轴的夹角又逐渐增加，由约 38°增加到约 89°，在此过程中最大主应力方向又逐渐向水平方向偏转，且偏转角度较大；之后最大主应力方向保持为近乎水平方向。

受采动影响后，距采空区不同距离的煤体主应力大小变化明显，而且主应力方向也随着位置不同而发生偏转。煤柱上位基本顶会发生弯曲下沉，弧形三角块产生一定程度回转，从而对煤柱和留巷围岩逐渐形成侧向水平推力，主应力方向逐渐由水平方向向竖直方向偏转，直至上位基本顶达到稳定状态。主应力大小和方向的改变对巷道围岩的变形破坏会产生直接影响，示意如图 2-33 所示。

通过分析最大主应力方向与 z 轴的夹角曲线分布特征可知，留巷受一次采动影响，在

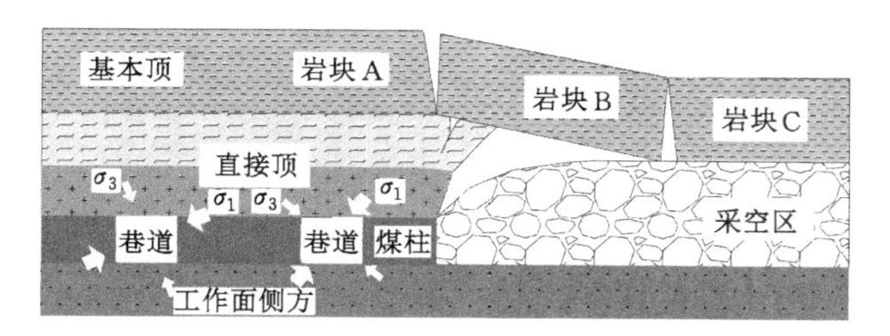

图 2-33 工作面侧方巷道围岩主应力方向偏转示意

对应工作面后方最大主应力方向呈现出由近水平方向逐渐向竖直方向偏转，保持很长一段距离的稳定后又逐渐恢复到近水平方向的变化过程。

2.5 二次采动留巷围岩应力场分布规律研究

留巷在受到一次采动作用下，其围岩主应力大小和方向都发生了明显的变化，受二次采动影响其围岩主应力大小及方向势必会产生新的变化。在 22204 工作面推进 1 000 m 的基础上，采用数值模拟方法研究得出 22205 工作面开采对留巷围岩应力的影响，将一次采动与二次采动留巷围岩应力变化情况进行对比，分析留巷围岩受二次采动影响的应力变化规律。

2.5.1 二次采动围岩垂直应力演化规律

二次采动期间，煤岩体应力重新分布，尤其是靠近一次采动工作面侧，受到采动的叠加应力影响其垂直应力产生变化。采用数值模拟方法研究得出 22205 工作面推进 100～1 000 m过程中，每推进 100 m 煤层内垂直应力分布三维视图如图 2-34 所示。

由二次采动煤层内垂直应力分布情况可以明显看出：二次采动围岩垂直应力分布几乎与一次采动时规律一致，但在煤柱侧受采动叠加影响产生的垂直应力集中程度要高于采空区其余三侧的，几乎在原岩应力的基础上增加了 1 倍，对巷道围岩稳定性影响十分显著；在工作面从开切眼至推进 400 m 的过程中，采空区围岩垂直应力逐渐升高，并达到峰值；在工作面推进距离为 400～1 000 m 的过程中，采空区围岩垂直应力峰值均不再升高，沿着工作面的推进方向，两侧煤柱内垂直应力峰值区域逐渐增加，工作面前方垂直应力基本不变。

对模型采取局部加密的方法，将留巷位置沿 y 轴方向加密到 1 m 一个单元格，在工作面每推进 100 m 时，在工作面前方留巷位置沿 y 轴方向（走向）提取出垂直应力数据，绘制成曲线如图 2-35 所示。

由图 2-35 可知，留巷在工作面前方支承压力及相邻工作面采空区侧向支承压力的叠加作用下，垂直应力曲线呈现三阶段的变化分布规律：当 22205 工作面推进 100 m 时，在工作面超前 100 m 范围内，垂直应力峰值在工作面前方煤壁位置达到约 22 MPa，约为原岩应力的 3 倍，随着远离工作面，垂直应力明显迅速下降，此阶段为二次采动影响超前剧烈影响阶段；在工作面超前 100 m 到停采线后方 200 m 范围内，留巷垂直应力基本稳定在约18 MPa，此阶段为二次采动前方稳定阶段；在停采线后方 200 m 到停采线前方 80 m 处，留巷垂直应力迅速下降，达到原岩应力状态，约 7.6 MPa，此阶段为二次采动影响应力恢复阶段。当 22205 工作面推进 200 m 时，留巷垂直应力在靠近工作面煤壁处达到 28 MPa，约为原岩应

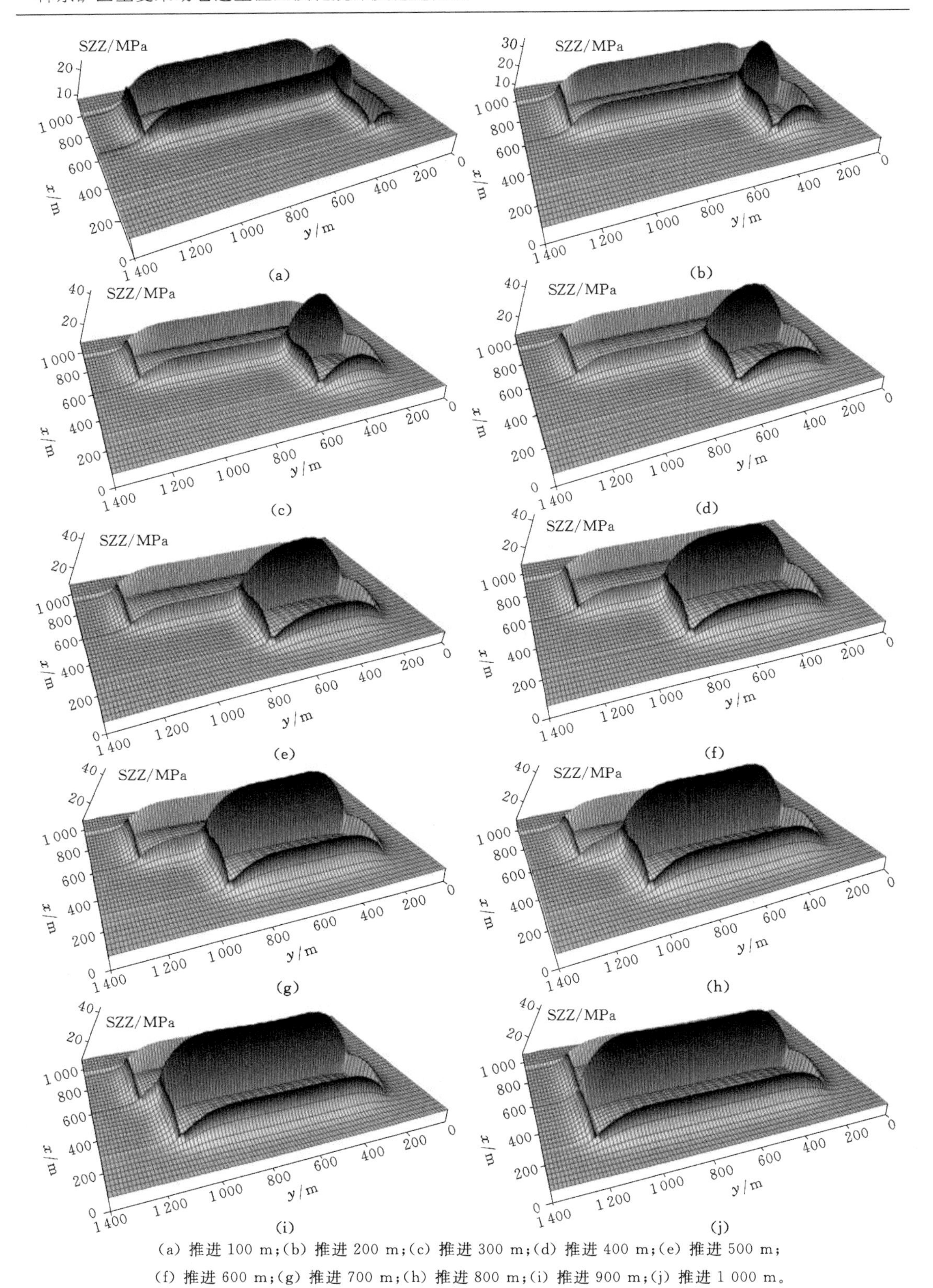

(a) 推进 100 m;(b) 推进 200 m;(c) 推进 300 m;(d) 推进 400 m;(e) 推进 500 m;
(f) 推进 600 m;(g) 推进 700 m;(h) 推进 800 m;(i) 推进 900 m;(j) 推进 1 000 m。

图 2-34　二次采动煤层内垂直应力分布三维视图

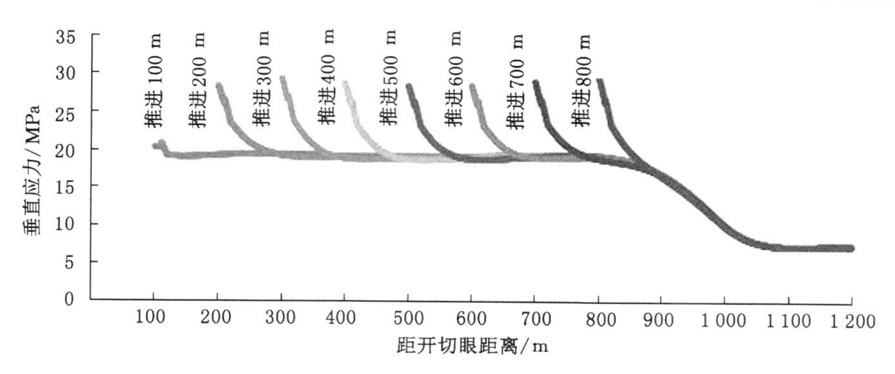

图 2-35　工作面前方留巷垂直应力曲线

力的 4 倍，影响范围约为 100 m。对比工作面开采 100 m 时的情况可知，随着工作面开采距离的增加，留巷垂直应力峰值及影响范围逐渐增加，垂直应力曲线总体上呈现出与工作面推进 100 m 时相似的分布规律。当工作面推过 200 m 以后，留巷垂直应力分布规律基本相同，峰值及影响范围都不再增加，而随着工作面的推进继续向前移动。

2.5.2　二次采动围岩应力分布特征

为了更全面地分析留巷受二次采动影响其围岩应力变化规律，在 22204 工作面开采 1 000 m的基础上，模拟 22205 工作面从开切眼位置沿走向（y 轴方向）推进 1 000 m 的过程，在工作面每推进 100 m 时，提取工作面前方留巷位置轴向（y 轴方向）主应力数据，绘制成曲线如图 2-36 至图 2-39 所示。

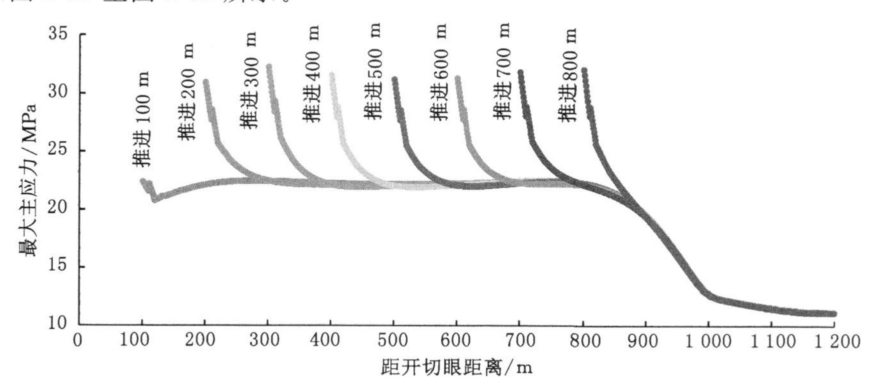

图 2-36　二次采动留巷轴向最大主应力曲线

（1）最大主应力

由最大主应力曲线分布特征可以看出：最大主应力曲线分布特征与垂直应力分布特征相同。在工作面煤壁处最大主应力最大，远离工作面，最大主应力逐渐降低；当工作面由距开切眼 100 m 至推进 200 m 时，留巷最大主应力峰值逐渐升高，由 22 MPa 增加到 32 MPa，超前影响范围均为 100 m 左右；当工作面由距开切眼 200 m 至推进 800 m 时，留巷最大主应力峰值及超前影响范围几乎未发生变化，只是随着工作面的推进，最大主应力峰值及影响范围向前移动。在工作面超前影响范围外，二次采动最大主应力曲线趋于稳定；将其与一次

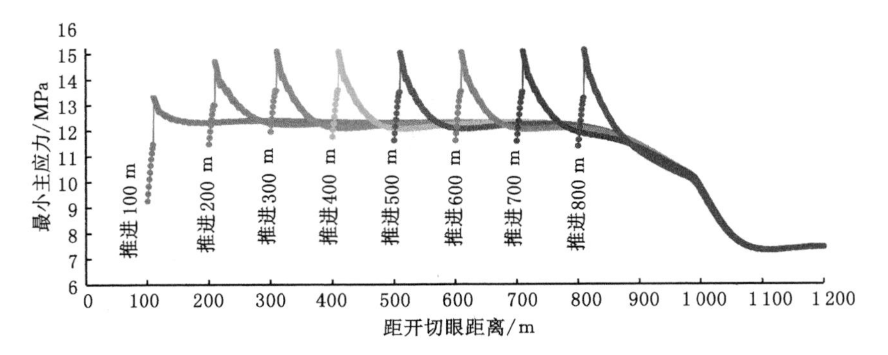

图 2-37　二次采动留巷轴向最小主应力曲线

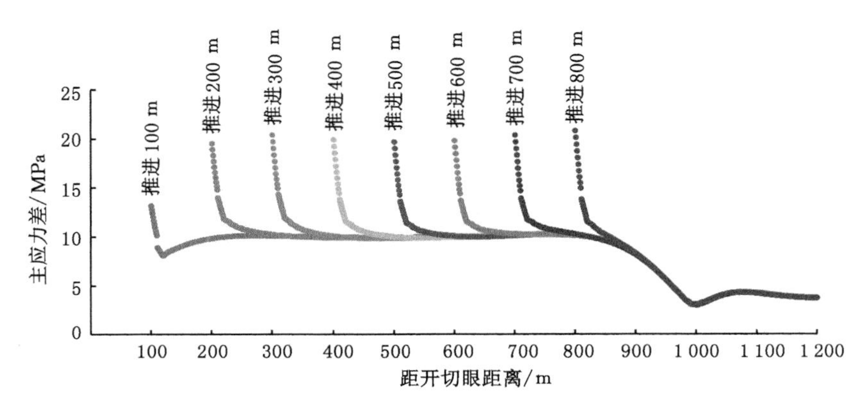

图 2-38　二次采动留巷轴向主应力差曲线

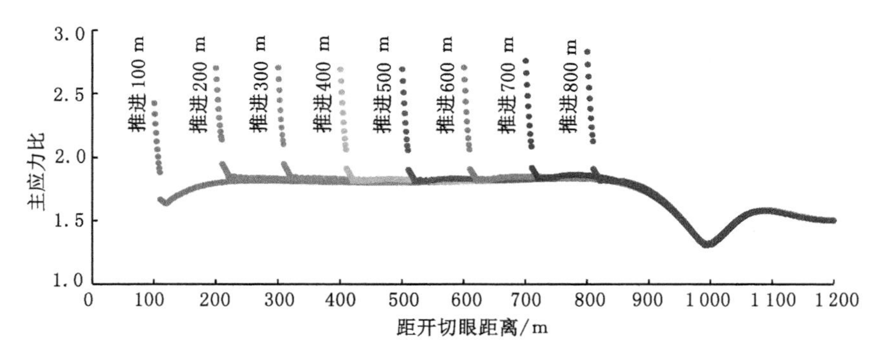

图 2-39　二次采动留巷轴向主应力比曲线

采动最大主应力曲线相比可知，其稳定阶段最大主应力约为 22 MPa，要高于一次采动稳定阶段最大主应力(16 MPa)。在停采线后方 200 m 到停采线前方 80 m 范围内，留巷最大主应力逐渐恢复到原岩应力状态。

(2) 最小主应力

由最小主应力曲线分布特征可以看出：在工作面煤壁处最小主应力最小，在工作面超前影响范围内，最小主应力呈现先上升后下降的单峰值分布形式，峰值位置在工作面前方约

10 m 处；当工作面由距开切眼 100 m 至推进 200 m 时，工作面煤壁位置最小主应力由 9.1 MPa逐渐增加到 11.5 MPa，最小主应力峰值由 13.5 MPa 增加到 15 MPa，超前影响范围均为 100 m 左右；当工作面由距开切眼 200 m 至推进 800 m 时，最小主应力峰值及超前影响范围几乎未发生变化，只是随着工作面的推进，最小主应力峰值及影响范围向前移动。在工作面超前影响范围外，二次采动最小主应力曲线趋于稳定；将其与一次采动最小主应力曲线相比可知，其稳定阶段最小主应力约为 12.5 MPa，要高于一次采动稳定阶段最小主应力(11.5 MPa)。在停采线后方 200 m 到停采线前方 80 m 范围内，最小主应力逐渐恢复到原岩应力状态。

(3) 主应力差

由主应力差曲线分布特征可以看出：主应力差曲线分布特征与最大主应力曲线分布特征相同。在工作面煤壁处主应力差最大，远离工作面，主应力差逐渐降低；当工作面由距开切眼 100 m 至推进 200 m 时，主应力差峰值逐渐升高，由 14 MPa 增加到 20 MPa，超前影响范围均为 100 m 左右；当工作面由距开切眼 200 m 至推进 800 m 时，主应力差峰值及超前影响范围几乎未发生变化，只是随着工作面的推进，主应力差峰值及影响范围向前移动。在工作面超前影响范围外，二次采动主应力差曲线趋于稳定；将其与一次采动主应力差曲线相比可知，二次采动稳定阶段主应力差约为 10.5 MPa，要高于一次采动稳定阶段主应力差(约 4.5 MPa)。

(4) 主应力比

由主应力比曲线分布特征可以看出：主应力比曲线分布特征与最大主应力曲线分布特征相同。在工作面煤壁处主应力比最大，远离工作面，主应力比逐渐降低；当工作面由距开切眼 100 m 至推进 200 m 时，主应力比峰值逐渐升高，由 2.4 增加到 2.7，增幅较小，超前影响范围均为 100 m 左右；当工作面由距开切眼 200 m 至推进 800 m 时，主应力比峰值及超前影响范围几乎未发生变化，只是随着工作面的推进，主应力比峰值及影响范围向前移动。在工作面超前影响范围外，二次采动主应力比曲线趋于稳定；将其与一次采动主应力比曲线相比可知，二次采动稳定阶段主应力比约为 1.8，要高于一次采动稳定阶段主应力比(约 1.4)。

综合分析主应力差及主应力比曲线分布规律可知：当工作面推进距离超过 200 m 以后，对应工作面煤壁前方留巷轴向主应力差及主应力比变化特征均表现出相同的迅速下降阶段、稳定阶段和再次迅速下降阶段三阶段特征，主应力差及主应力比三阶段示意如图 2-40所示。

第一阶段，在工作面煤壁位置到工作面前方 100 m 范围内，此阶段留巷开始受二次采动影响，主应力差及主应力比曲线始终保持下降态势，但在煤壁前方 10 m 范围内最小主应力上升，在 10～1 000 m 范围内又逐渐下降，而最大主应力始终在下降，从而使留巷主应力差及主应力比在煤壁前方 10 m 范围内下降幅度比较大，此阶段为二次采动超前剧烈影响阶段；第二阶段，在工作面煤壁前方 100 m 到停采线后方 200 m 范围内，此阶段最大、最小主应力保持不变，主应力差及主应力比也不发生变化，但此阶段的主应力差及主应力比要高于一次采动采空区侧方留巷稳定阶段时的，此阶段为二次采动工作面前方稳定阶段；第三阶段，在停采线后方 200 m 到停采线前方 80 m 范围内，最大及最小主应力逐渐下降直至恢复到原岩应力状态，此阶段为二次采动影响应力恢复阶段。

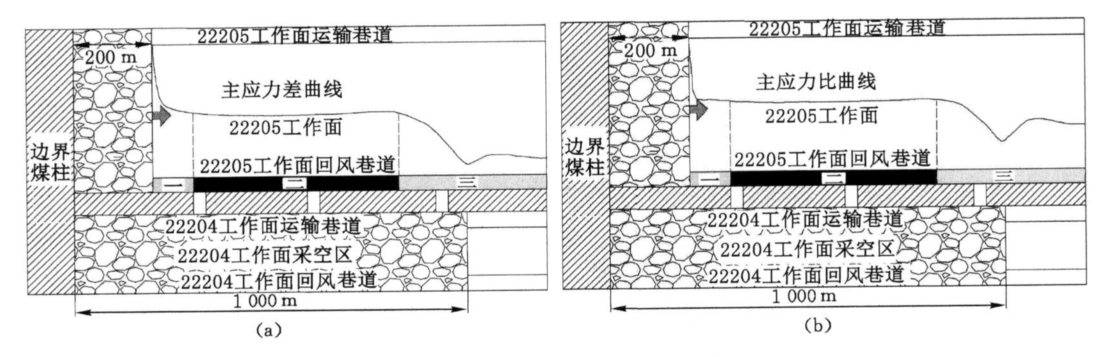

(a) 主应力差曲线；(b) 主应力比曲线。

图 2-40　二次采动留巷主应力差及主应力比三阶段示意图

通过分析主应力曲线分布特征可知：留巷受二次采动影响，围岩主应力变化幅度较大位置对应在工作面煤壁前方，在此工程地质条件下，主应力在工作面煤壁前方 100 m 达到稳定状态，在工作面煤壁前方 10 m 范围内变化最大，在工作面煤壁位置最大、最小主应力最大，且随着工作面的推进此阶段逐渐向前移动；在工作面前方稳定阶段，留巷围岩主应力要比一次采动时的大；第三阶段影响范围及变化幅度则基本不随着工作面的推进而发生改变。

2.5.3　二次采动围岩主应力方向分布特征

随着 22204 工作面的开采，留巷主应力方向发生了明显改变。二次采动同样会导致留巷主应力方向改变。为了探究留巷受二次采动影响主应力方向变化规律，提取出二次采动工作面前方最大主应力方向数据，绘制出最大主应力方向与 z 轴的夹角曲线，如图 2-41 所示。

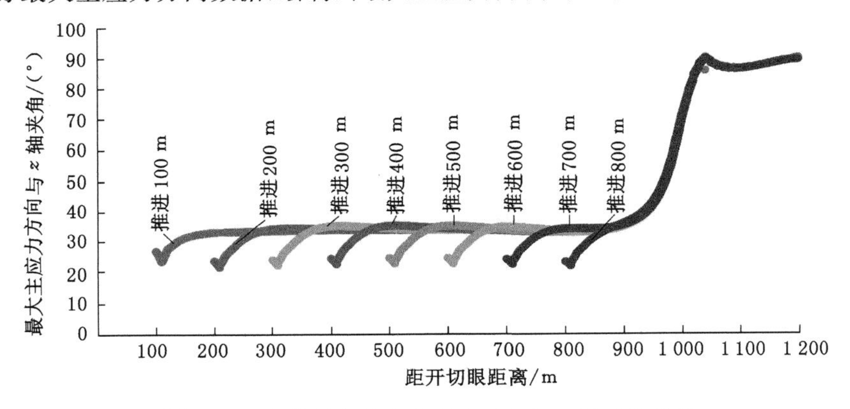

图 2-41　留巷轴向最大主应力方向与 z 轴夹角曲线

由图 2-41 可以看出，在工作面前方 10 m 范围内，最大主应力方向与 z 轴的夹角由最初的约 28°减小到约 24°，在此范围内最大主应力方向逐渐向垂直方向偏转；在工作面前方 10～100 m范围内，最大主应力方向与 z 轴的夹角逐渐增加到约 38°，说明在此范围内最大主应力方向逐渐由竖直方向向水平方向偏转；在工作面前方 100 m 到停采线后方 130 m 范围内，最大主应力方向与 z 轴的夹角几乎没有变化，保持稳定状态；在停采线后方 130 m 到停采线前方 80 m 范围内，最大主应力方向与 z 轴的夹角又逐渐增加，由约 38°增加到约

89°，在此过程中最大主应力方向继续向水平方向偏转，且偏转角度较大；直到停采线前方200 m，最大主应力方向恢复到近乎水平方向。

通过最大主应力方向与 z 轴的夹角曲线分布特征，并对比一次采动最大主应力方向偏转情况可知，受二次采动影响，留巷轴向最大主应力方向在一次采动稳定阶段的基础上，向竖直方向有小幅度的偏转，随后又向水平方向偏转，恢复到一次采动稳定阶段的状态，之后继续向水平方向偏转，直至偏转到约近水平方向。

3 重复采动巷道围岩塑性区演化规律研究

在受重复采动影响留巷围岩应力分布特征研究的基础上，采用数值模拟方法系统研究巷道在整个服务周期内的围岩塑性区演化过程，以及在采动叠加应力场环境下的围岩塑性区演化规律，获得重复采动巷道塑性区演化时空特征；通过现场窥视与模拟结果相验证，深入分析受采动影响巷道的围岩破坏特征；并对不同煤柱尺寸下重复采动巷道围岩塑性区演化规律进行研究，为重复采动条件下巷道围岩控制提供依据和指导。

3.1 重复采动巷道围岩内部破坏特征探视

受采动影响留巷内部围岩破碎情况及破坏范围探视，对分析留巷破坏特征及确定围岩支护控制方案具有重要意义。一般采用钻孔窥视仪（见图 3-1）对围岩不连续面（如层理、节理、裂隙等）、顶板离层等情况进行探视。

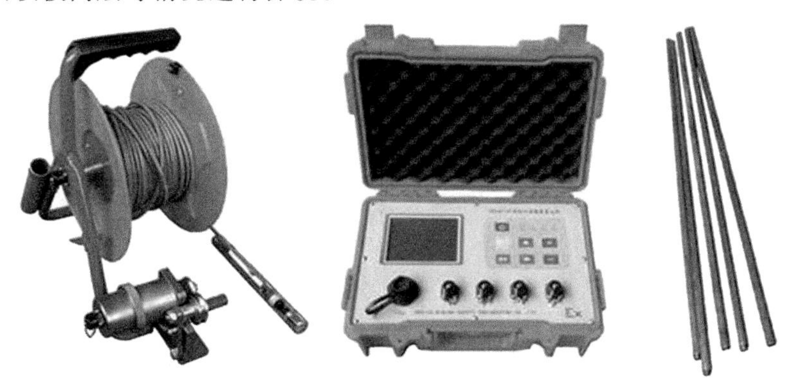

图 3-1　钻孔窥视仪

通过现场观测发现，留巷在 22204 工作面停采线位置及其后方 1 200 m 范围内围岩变形破坏最为明显，因此，对此区域内顶板进行钻孔窥视。采用两套窥视方案，分别对留巷轴向和断面围岩破坏情况进行窥视。留巷轴向钻孔窥视布置方案如图 3-2 所示。第一测站布置在距停采线 500 m 处，相隔 290 m 布置第二测站，再隔 60 m 布置第三测站。在同一断面巷道顶板中布置 1 个窥视孔，为保证施工顺利，避免巷道中设备的影响，顶板钻孔按垂直方向设计，深度均为 8 m。钻孔窥视情况如图 3-3 至图 3-5 所示。

从图 3-3 可以看出：在此位置巷道顶煤破碎严重，存在大量裂隙；砂质泥岩中有多处破碎带和裂隙带，但孔壁整体性较好，夹煤层多破碎且发育大量裂隙，最大破坏深度为4.57 m；

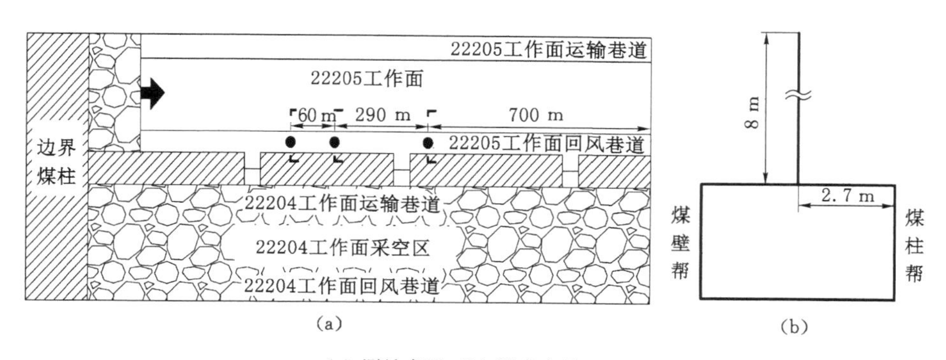

(a) 测站布置；(b) 测点布置。

图 3-2 留巷轴向钻孔窥视布置方案

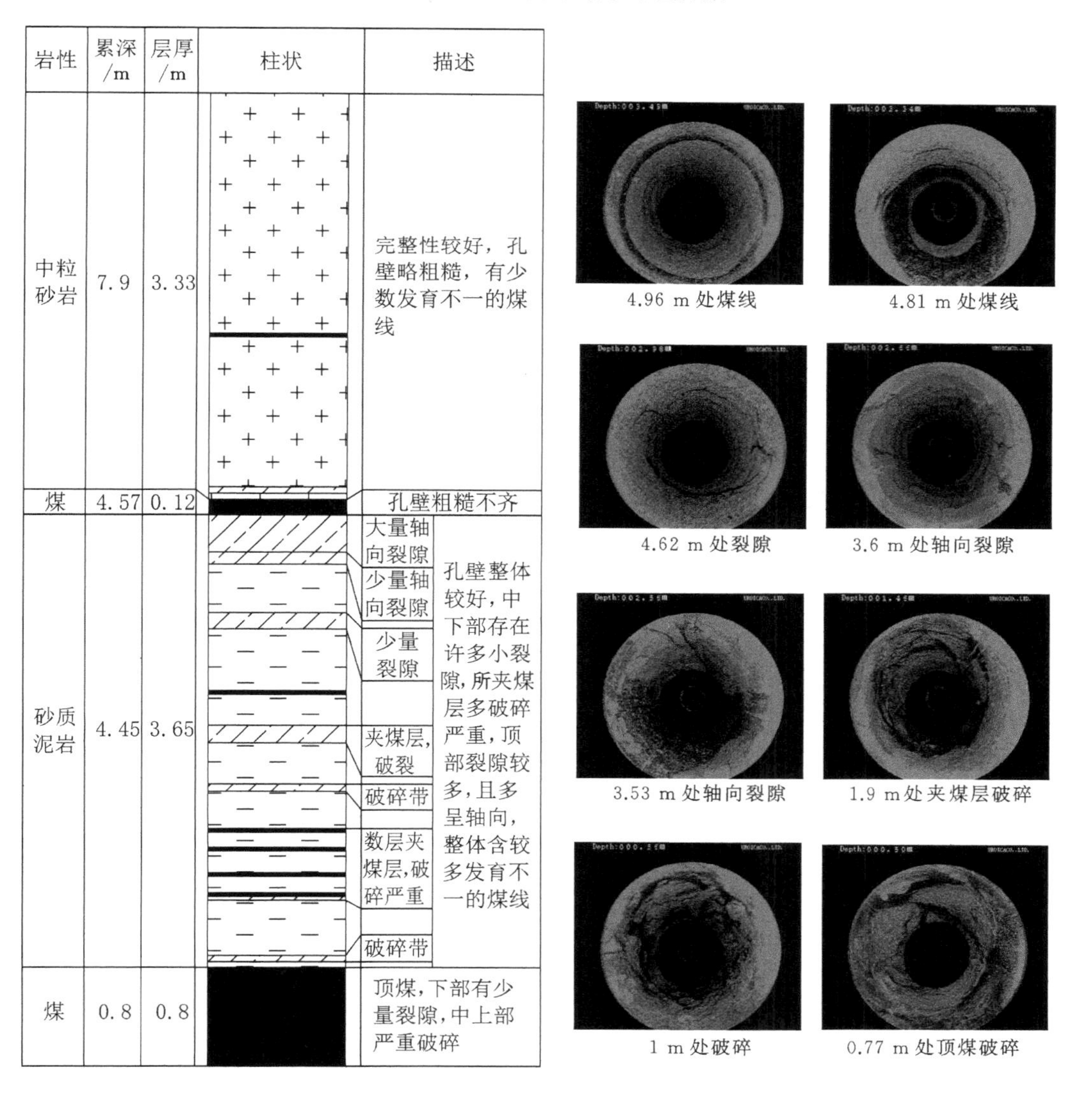

图 3-3 距停采线 500 m 处窥视柱状图

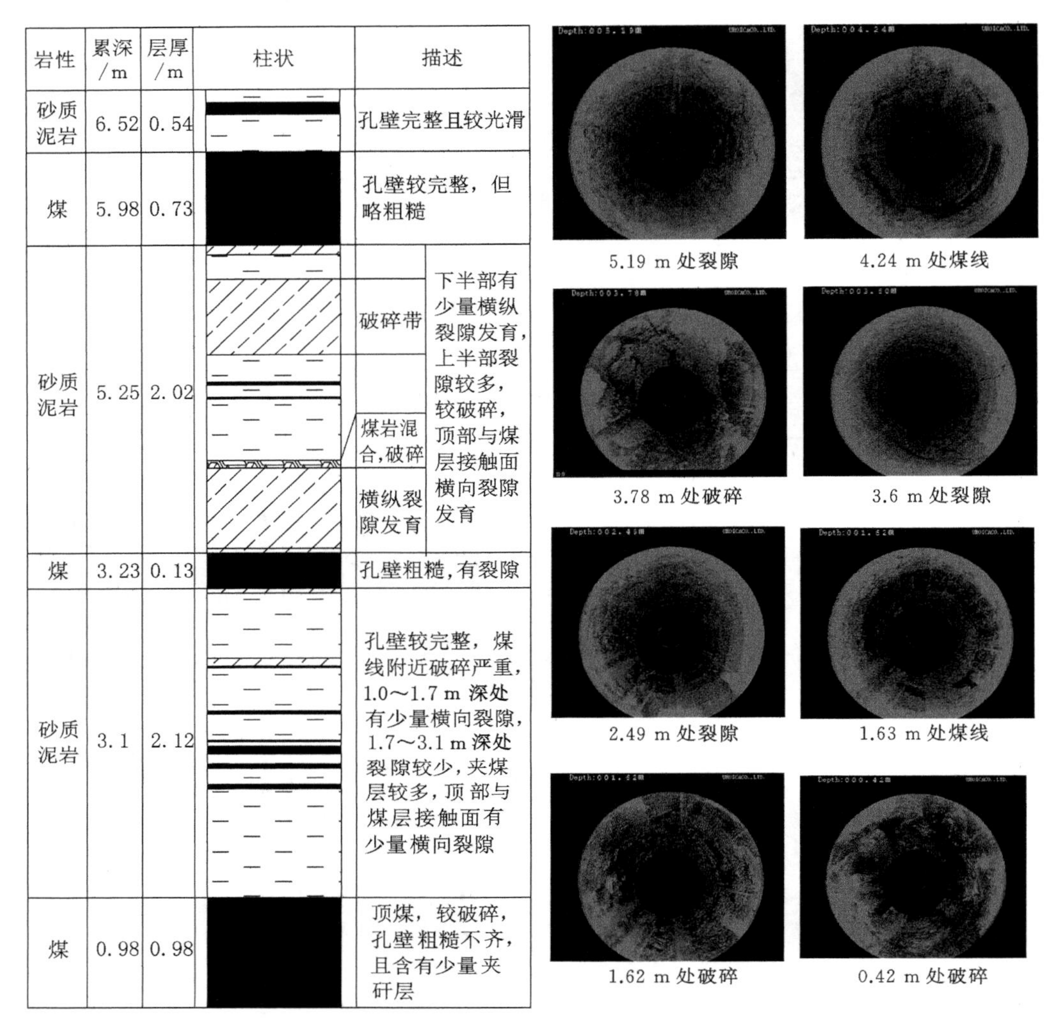

图 3-4　距停采线 790 m 处窥视柱状图

中粒砂岩完整性较好，孔壁略粗糙，有少量发育不一的煤线，未发现破碎情况。

从图 3-4 可以看出：在此位置顶板破坏具有一定的非均匀性。其中，顶煤严重破碎；孔深 3.1 m 以浅区域的砂质泥岩完整性较好，发育少量裂隙，含有多层夹煤层，夹煤层附近破碎严重；孔深 3.23～5.25 m 区域的砂质泥岩下部有一较宽裂隙发育区，上部有一较宽破碎带，顶部与煤层接触面横向裂隙发育。

从图 3-5 可以看出：在此位置顶煤情况较好，顶煤中部有一层 3 cm 厚破碎带；顶煤上方的砂质泥岩下半部完整性较好，顶部有 40 cm 厚破碎带，中部有 39 cm 厚破裂带及 18 cm 厚夹煤层，夹煤层上下接触面有 3 cm 厚裂隙带，整体含有较多发育不一的煤线。

综上所述，在距停采线 500～850 m 范围内，顶板岩层变化较大。此区域内顶板岩层主要为煤、砂质泥岩以及中粒砂岩，其中，顶煤厚度大约 1 m，破碎严重；顶煤上方为砂质泥岩，厚度 2～4 m，该层存在较多裂隙，局部破碎严重；顶板上方 5～8 m 范围内岩性较为复杂，包括煤、砂质泥岩、细粒砂岩及中粒砂岩等，该部分岩层含裂隙较少，部分岩层内夹有不规则煤

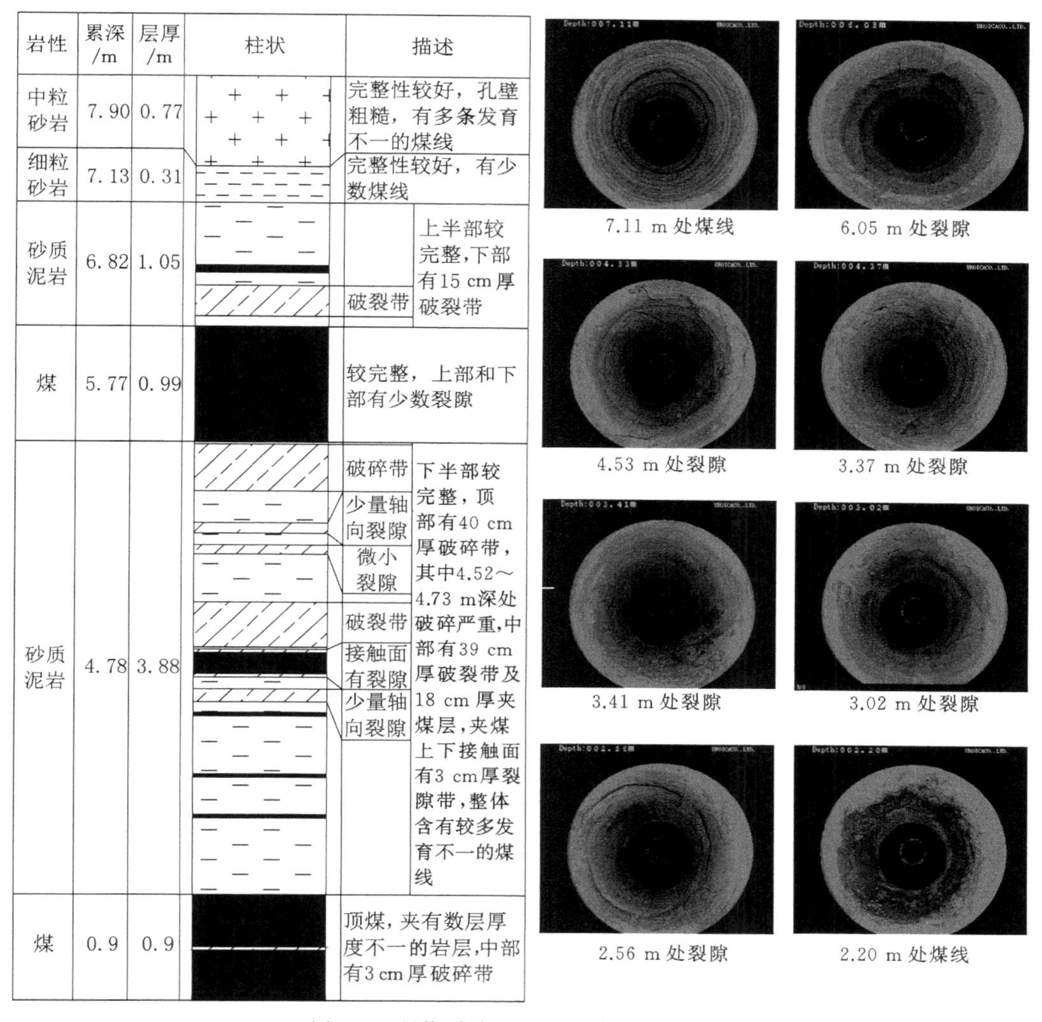

图 3-5　距停采线 850 m 处窥视柱状图

线。该区域巷道顶板离层破坏主要发生在 5 m 以下位置。

在距停采线 600 m 处布置一个测站,对留巷断面进行钻孔窥视研究,钻孔窥视布置方案如图 3-6 所示。在留巷断面顶板中部及距左右两帮各 1 m 位置共布置 3 个窥视孔,窥视深度均为 8 m。钻孔窥视情况如图 3-7 所示。

从图 3-7 可以看出,在此位置巷道上部岩层中存在四个厚度不均的破坏区。其中,0～1.14 m 深处破坏严重,有较为发育的节理裂隙,煤层完整性差;2.44～3 m 深处存在少量横向裂隙;3.38～4.08 m 深处钻孔孔壁粗糙,存在大量纵向裂隙,岩层完整性较差;4.05～5.16 m深处存在少量横向裂隙,4.53 m 深处裂隙发育明显,岩层完整性较差。

综上所述,22205 工作面回风巷道距停采线 600 m 附近顶板岩层主要为煤、砂质泥岩以及砂岩。顶煤厚度大约 1 m,破碎严重;顶煤上方为砂质泥岩,厚度 2～4 m,该层存在较多裂隙,局部破碎严重;顶板上方 5～8 m 范围内岩性较为复杂,包括煤、砂质泥岩、细粒砂岩及中粒砂岩等,该部分岩层结构较为完整,基本没有裂隙,部分岩层内夹有不规则煤线。因

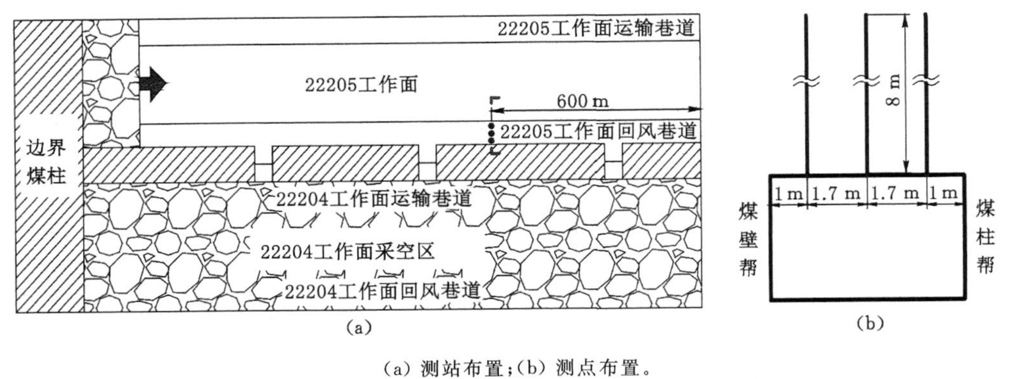

(a) 测站布置;(b) 测点布置。

图 3-6 留巷断面钻孔窥视布置方案

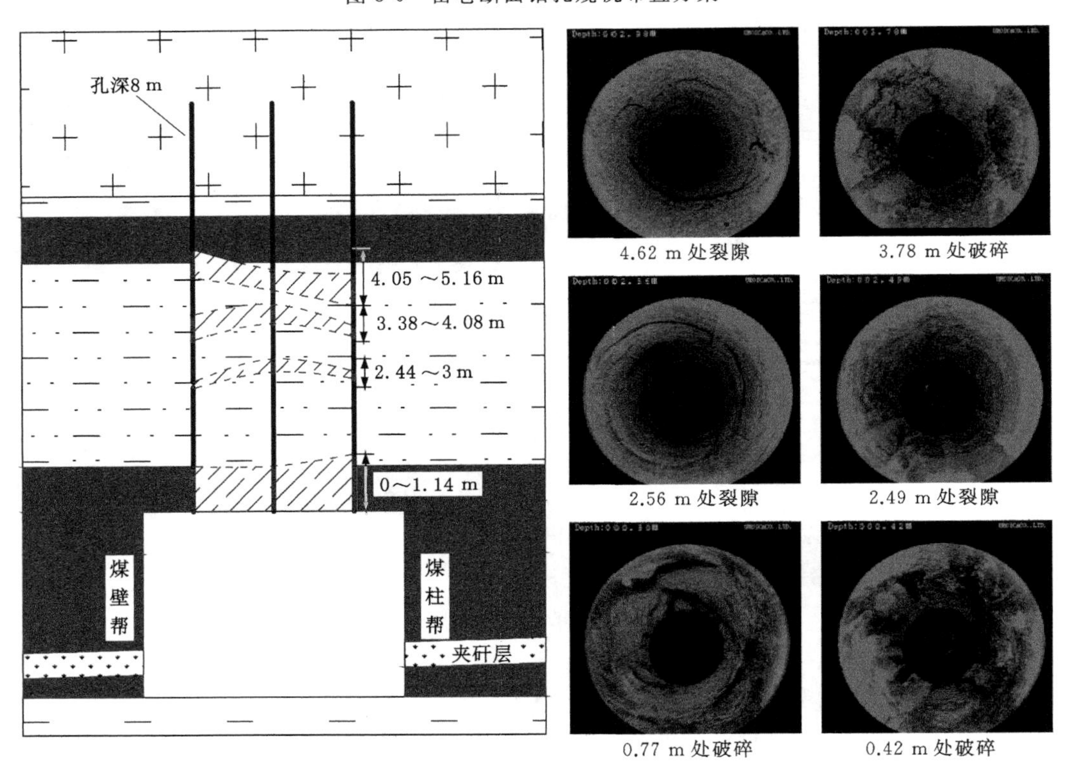

图 3-7 距停采线 600 m 处留巷断面窥视图

此可知,该段巷道顶板离层破坏主要发生在 5 m 以下位置。通过钻孔窥视留巷围岩最大破坏深度可以看出,围岩破坏形态呈现靠近煤壁帮最大破坏深度较大,越靠近煤柱帮最大破坏深度越小的分布特征。

3.2 重复采动巷道围岩塑性区阶段特征分析

巷道围岩变形破坏实质上是由围岩塑性区的形成和发展引起的[75,115]。塑性区的大小和形态决定巷道围岩破坏的程度。前文分析了留巷受采动影响围岩应力分布情况,本节具体分析留巷受采动影响在各阶段不同应力环境下的塑性区形成和发展规律。

为了更精确地得到工作面推进过程中重复采动巷道围岩破坏规律，采用数值模拟方法研究工作面一次采动和二次采动过程，在留巷距开切眼 500 m 位置设置监测断面，每推进 100 m 截取留巷围岩塑性区，从而更加系统地分析留巷受采动影响各阶段围岩破坏过程。监测断面前后 50 m 范围内模型采取局部加密的方法，顶、底板及两帮达 0.5 m 一个单元格，模拟工作面从开切眼沿走向（y 轴方向）推进过程，在工作面每推进 10 m 时进行充填、平衡，模型如图3-8所示。

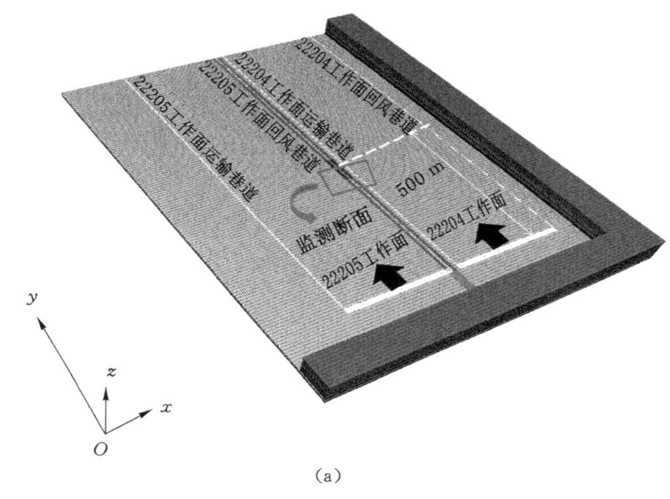

(a)

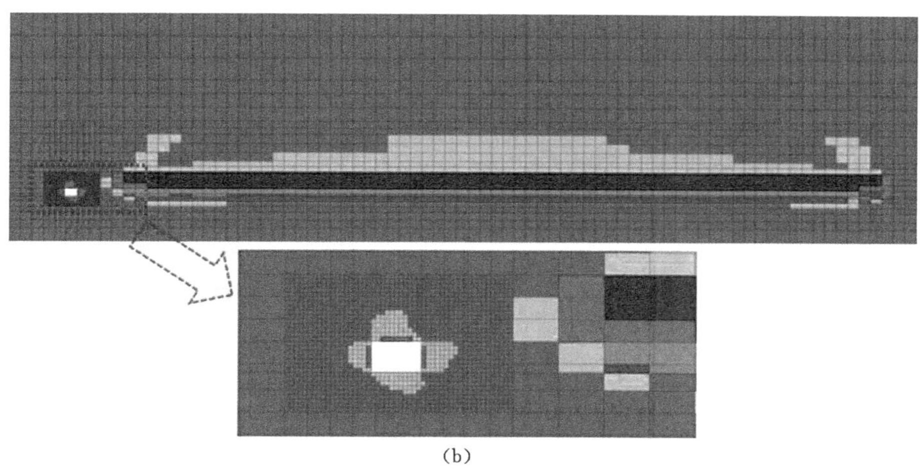

(b)

(a) 监测断面加密三维模型；(b) 监测断面截取示意。

图 3-8　留巷监测断面截取过程

3.2.1　留巷受一次采动影响各阶段围岩塑性区形态特征

（1）掘进影响阶段留巷围岩塑性区形态特征

当工作面推进 100～200 m 时，留巷监测断面相对在工作面前方 300～400 m。由前文留巷受一次采动影响轴向应力分析结果可知，在此工程地质条件下，采动超前影响范围为工作面前方 200 m，因此，此时监测断面并未受到采动影响，仍处于掘进影响阶段。截取监测断面留巷围岩塑性区，如图 3-9 所示。

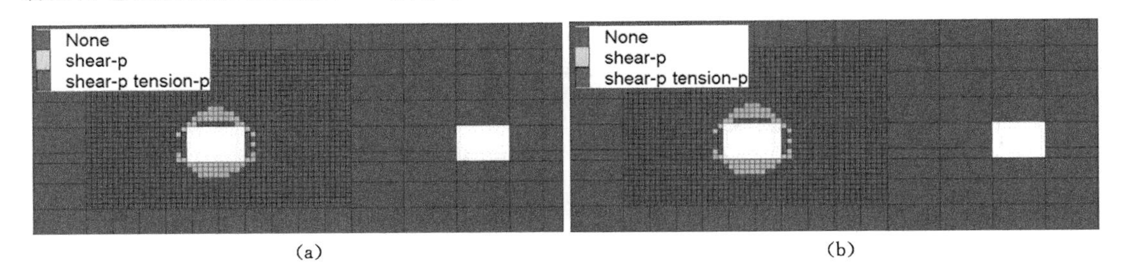

(a) 工作面推进 100 m；(b) 工作面推进 200 m。

图 3-9　掘进影响阶段留巷围岩塑性区

煤岩体在没有受到巷道开挖的影响之前处于原岩应力状态，开挖巷道破坏了原岩应力的平衡状态，使巷道周围的应力环境发生改变，巷道围岩一定范围内出现应力集中现象。当该集中应力大于围岩的强度时，巷道围岩就会发生破坏并产生塑性区。

由留巷围岩塑性区可以发现：留巷在超前工作面 300～400 m 时，其围岩塑性区无任何变化；顶、底板的塑性区范围大于两帮的塑性区范围，这是因为留巷在掘进阶段的水平应力大于垂直应力；塑性区形态呈对称分布特征，顶、底板塑性区形状均为拱状，最大破坏深度发生在中部，顶板中央位置的塑性破坏深度为 2 m，底板中部的塑性破坏深度为 1.5 m，四个角部塑性破坏范围较小；两帮塑性区形状则为上下高、中间低的凹状，中部最大破坏深度为 1.0 m，上下部最大破坏深度为 1.5 m；巷道表面的破坏类型以剪切、拉伸破坏为主，深部的破坏类型则为单纯的剪切破坏。

(2) 初期扰动阶段留巷围岩塑性区形态特征

当工作面推进 300～400 m 时，留巷监测断面相对在工作面前方 100～200 m。此时，监测断面进入一次采动影响的第一阶段——初期扰动阶段。截取监测断面留巷围岩塑性区，如图 3-10 所示。

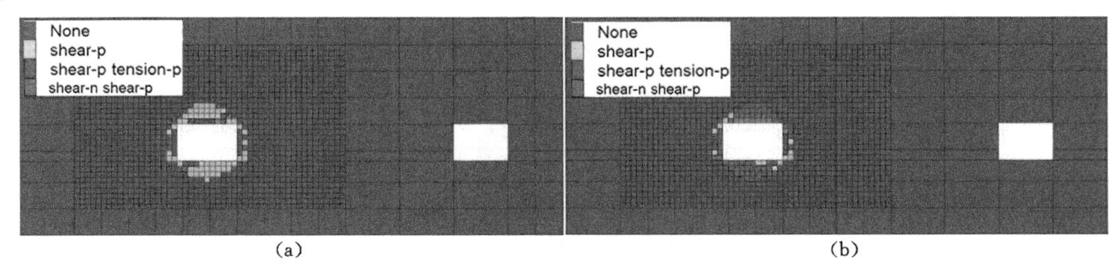

(a) 工作面推进 300 m；(b) 工作面推进 400 m。

图 3-10　初期扰动阶段留巷围岩塑性区

将留巷围岩塑性区与掘进阶段时的对比可知：留巷围岩塑性区形态基本没有变化，只是底板塑性区深度增加了 0.5 m，由之前的 1.5 m 增加到 2 m；工作面推进 400 m 时的留巷围岩塑性破坏范围比工作面推进 300 m 时的稍有所增加；在工作面推进 300 m 时，留巷的顶、底板靠角的位置再次产生剪切破坏，当工作面推进 400 m 时，该剪切破坏区域产生很大幅度的扩展。

由一次采动影响的初期扰动阶段留巷围岩塑性区扩展过程可知：在此阶段内，留巷围岩塑性区形态及深度基本没有发生变化，塑性区范围扩展缓慢。在此阶段内，留巷围岩轴向主应力仅发生小幅度的变化。

(3) 初期调整阶段留巷围岩塑性区形态特征

当工作面推进 500 m 时，留巷监测断面在相对工作面煤壁位置。此时，监测断面处于一次采动影响的第二阶段——初期调整阶段。截取监测断面留巷围岩塑性区，如图 3-11 所示。

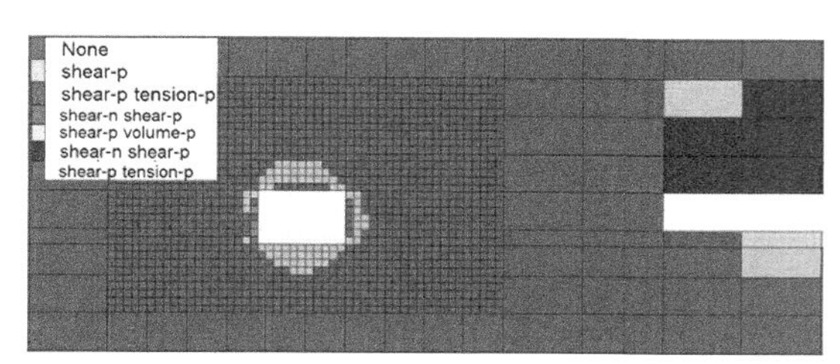

图 3-11 初期调整阶段留巷围岩塑性区

将留巷围岩塑性区与初期扰动阶段时的对比可以发现：留巷顶、底板的塑性区范围基本没有变化，而两帮塑性区范围有所增加，两帮的塑性区形态逐渐由上下高、中间低的凹状向上下低、中间高的拱状发展，煤柱帮塑性区深度增加 0.5 m，达到 1.5 m。工作面的开采，使其侧方水平应力得到释放，留巷围岩最大主应力方向逐渐由水平方向向竖直方向偏转。

(4) 滞后剧烈影响阶段留巷围岩塑性区形态特征

当工作面推进 600～700 m 时，留巷监测断面相对在工作面后方 100～200 m 位置，进入一次采动采空区侧方。此时，监测断面处于一次采动影响的第三阶段——滞后剧烈影响阶段。截取监测断面留巷围岩塑性区，如图 3-12 所示。

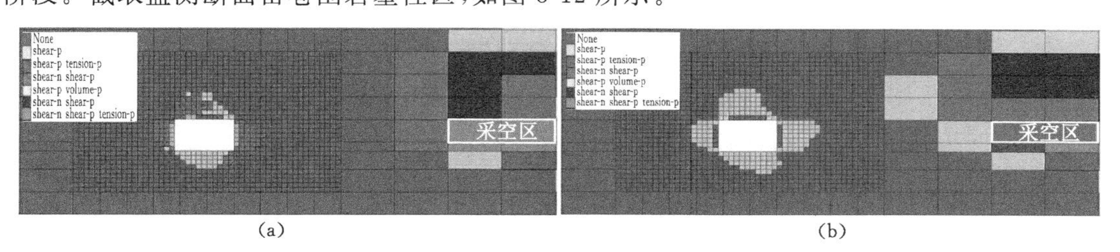

(a) 工作面推进 600 m；(b) 工作面推进 700 m。

图 3-12 滞后剧烈影响阶段留巷围岩塑性区

由图 3-12(a)可知：留巷围岩塑性区较前几阶段发生了明显的变化，塑性区范围及形态都发生了明显改变，顶、底板和两帮塑性区都产生了扩展；塑性区的形态呈现出非对称分布特征，顶板偏向煤壁帮扩展，底板偏向煤柱帮扩展，煤柱帮偏向底板扩展，而煤壁帮则偏向顶板扩展；塑性区深度也发生了明显改变，顶板及两帮塑性区深度均有所增加，顶板塑性区深度增加 1 m，达到 3 m，煤柱帮塑性区深度增加 1.5 m，达到 3 m，煤壁帮塑性区深度增加

1 m,达到 2 m。

由图 3-12(b)可知:随着工作面的继续推进,留巷围岩塑性区进一步发生变化,塑性区范围及形态继续发生明显改变,塑性区形态继续呈现明显的非对称分布特征。此时的塑性区扩展以煤柱帮为主,顶、底板依旧保持之前的偏转发展方向,顶板偏向煤壁帮扩展,底板偏向煤柱帮扩展,而两帮则表现出与之前相反的发展方向,煤柱帮偏向顶板扩展,煤壁帮则偏向底板扩展。塑性区深度在顶、底板及两帮均继续增加,顶板塑性区深度增加0.5 m,达到3.5 m,底板塑性区深度增加 0.5 m,达到 2.5 m,煤柱帮塑性区深度增加 1 m,达到 4 m,煤壁帮塑性区深度增加 0.5 m,达到 2.5 m。

留巷在进入滞后剧烈影响阶段后,围岩塑性区产生了较大的扩展,塑性区范围及形态呈现明显的非对称性,塑性区深度同样呈现明显的非对称增加趋势,顶板及煤柱帮塑性区深度增加幅度明显要大于底板及煤壁帮。结合应力分析,此阶段主应力发生了很大的变化,最大和最小主应力、主应力差、主应力比均有较大幅度的增加,导致塑性区扩展范围及深度的大幅度增加。通过分析此阶段主应力方向可知,在此阶段,最大主应力方向与竖直方向的夹角由约 89°变化至约 38°;结合采空区侧方留巷围岩主应力曲线可知,越靠近采空区应力越大,留巷煤柱帮所受应力要大于煤壁帮。以上原因共同导致留巷围岩塑性区产生明显的非对称分布特征。

(5) 滞后影响稳定阶段留巷围岩塑性区形态特征

当工作面推进 800 m 时,留巷监测断面相对在工作面后方 300 m 位置,留巷围岩塑性区如图 3-13 所示。随着工作面的继续推进,留巷围岩塑性区范围及形态没有发生明显变化,顶、底板及煤壁帮塑性区深度均没有增加,只是煤柱帮塑性区深度增加 0.5 m,达到 4.5 m。此时,监测断面处于一次采动影响的第四阶段——滞后影响稳定阶段。

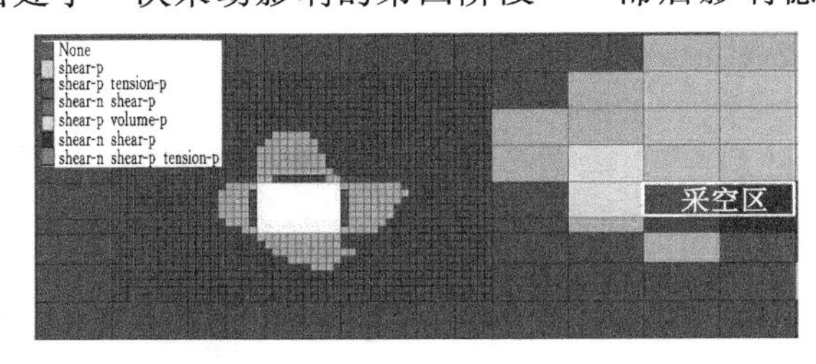

图 3-13　滞后工作面 300 m 影响稳定阶段留巷围岩塑性区

当工作面推进 900～1 000 m 时,留巷监测断面相对在工作面后方 400～500 m 位置。此时,监测断面仍处于一次采动影响的第四阶段——滞后影响稳定阶段。截取监测断面留巷围岩塑性区,如图 3-14 所示。

留巷进入滞后影响稳定阶段后,围岩塑性区范围、形态及深度都保持稳定,没有发生变化,在此阶段塑性区形态仍保持明显的非对称性。结合应力分析,此阶段主应力不再变化,最大主应力、最小主应力、主应力差、主应力比均达到稳定状态,不再发生变化。通过分析此阶段主应力方向可知,在此阶段,最大主应力方向与竖直方向的夹角保持在 38°,也不再发生变化。

由滞后影响稳定阶段留巷围岩塑性区分布特征可知,巷道顶、底板与两帮塑性区均呈现非对称分布特征,顶板中部的破坏范围较大,顶板靠近两帮侧破坏范围较小,靠近煤壁帮侧

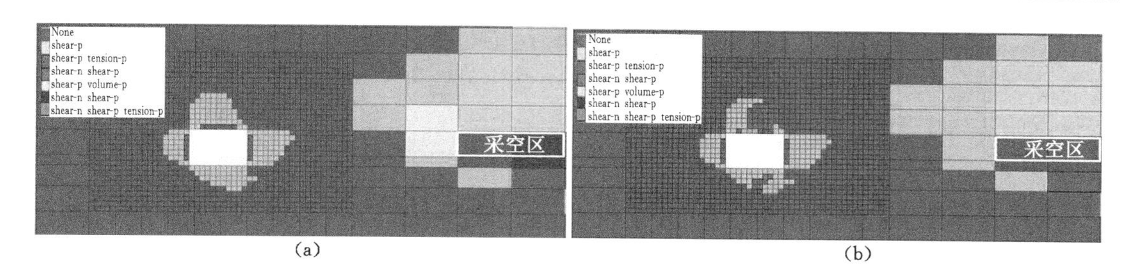

(a) 工作面推进 900 m;(b) 工作面推进 1 000 m。

图 3-14 滞后工作面 400～500 m 影响稳定阶段留巷围岩塑性区

顶板的破坏范围大于靠近煤柱帮侧的。将数值模拟结果图 3-14(b)与 22205 工作面回风巷道滞后影响稳定阶段现场窥视结果图 3-7 对比(见图 3-15)可知,顶板塑性区非均匀形态特征与实测结果基本吻合。

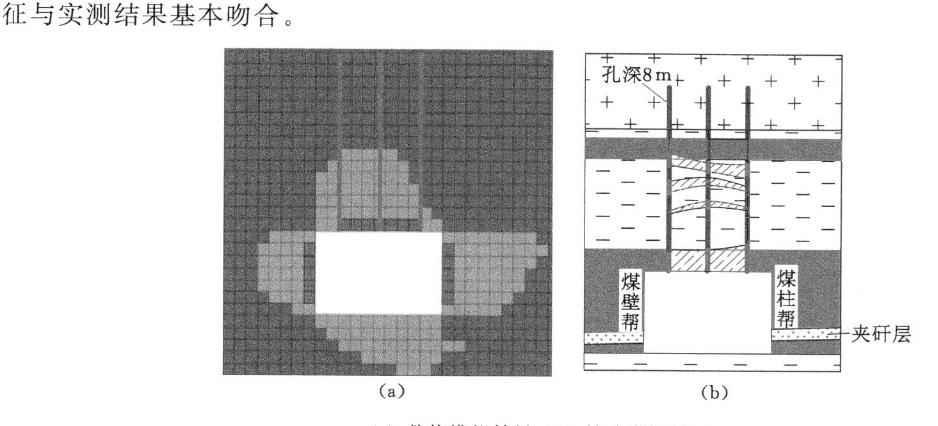

(a) 数值模拟结果;(b) 钻孔窥视结果。

图 3-15 滞后影响稳定阶段顶板塑性区数值模拟与实测结果对比

为了更清晰地表达留巷受采动影响不同阶段塑性区演化规律,可以将上述表达方式转换成 22204 工作面推进 1 000 m 时,其前后不同位置对应的各阶段留巷围岩塑性区演化规律,如图 3-16 所示。

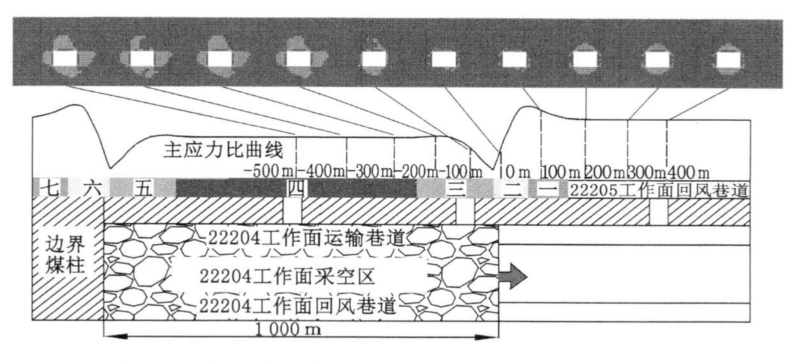

图 3-16 留巷受一次采动影响各阶段围岩塑性区演化图

一次采动影响下留巷围岩塑性区主要呈现五阶段特征:在工作面前方200～400 m时,留巷处于掘进影响阶段,此阶段内留巷围岩塑性破坏范围较小,塑性区呈对称分布特征,顶、底板塑性区深度要大于两帮;在工作面前方100～200 m时,留巷受工作面采动影响,处于工作面前方初期扰动阶段,此阶段内留巷围岩塑性区范围较掘进影响阶段有所增加,塑性区同样呈现对称分布特征,底板塑性区深度小幅度增加;当监测断面位置与工作面煤壁平行时,留巷处于采动初期调整阶段,此阶段内留巷围岩塑性区范围有所增加,塑性区依旧呈现对称分布特征,煤柱帮塑性区深度有小幅度增加;在工作面后方0～200 m时,留巷受采空区侧方应力影响,处于工作面后方的滞后剧烈影响阶段,此阶段内留巷围岩塑性区较前几阶段发生了明显的变化,塑性区深度及形态都发生了明显的改变,塑性区呈现明显的非对称分布特征,顶板偏向煤壁帮扩展,底板偏向煤柱帮扩展,煤柱帮偏向底板扩展,而煤壁帮则偏向顶板扩展,此阶段是留巷围岩塑性区扩展的最剧烈阶段;在工作面后方200～500 m时,留巷处于滞后影响稳定阶段,留巷围岩塑性区范围及形态不再发生明显变化,此时的塑性区范围只有小幅度的增加,在此阶段塑性区形态仍保持明显的非对称性。

巷道围岩变形量与塑性区尺寸存在正相关关系,巷道围岩塑性区深度大的区域伴随着较大的围岩变形量,巷道围岩变形量和塑性区形态的非对称性是一致的,较大变形量一侧的围岩塑性区范围较大,较小变形量一侧的围岩塑性区范围较小[130]。将图3-16与一次采动留巷顶、底板及两帮移近量图2-4和图2-8比较得出,数值模拟结果与现场实测结果基本吻合。

3.2.2 留巷受二次采动影响各阶段围岩塑性区形态特征

(1) 二次采动前方稳定阶段留巷围岩塑性区形态特征

当工作面推进100～400 m时,留巷监测断面相对在工作面前方100～400 m。由前文留巷受二次采动影响轴向应力分析结果可知,在此工程地质条件下,采动超前影响范围为工作面前方100 m。此时,监测断面仍处于一次采动影响的滞后影响稳定阶段。截取监测断面留巷围岩塑性区,如图3-17所示。

由留巷围岩塑性区可以发现:留巷在二次采动超前工作面200～400 m范围内,围岩塑性区范围、形态及深度都没有发生变化;当工作面推进400 m,监测断面在工作面前方100 m时,从围岩塑性区的破坏方式可明显看出,留巷围岩再次发生剪切破坏,此时留巷刚刚受到二次采动影响,但影响程度很低,只有顶板围岩塑性破坏范围有少许的增加。

(2) 与工作面煤壁平行位置留巷围岩塑性区形态特征

当工作面推进500 m时,留巷监测断面相对在工作面煤壁位置。此时,监测断面处于二次采动影响的第一阶段——工作面超前剧烈影响阶段。截取监测断面留巷围岩塑性区,如图3-18所示。

由留巷围岩塑性区可以发现,此时留巷与工作面煤壁平行,留巷煤壁帮已经采空,留巷顶板已与工作面顶板塑性区连通。从留巷的顶、底板及煤柱帮塑性区可以看出,留巷围岩塑性区形态发生了变化,塑性区形态呈现非对称分布特征,底板继续偏向煤柱帮扩展,煤柱帮偏向顶板扩展;塑性区深度也发生了明显改变,顶板塑性区深度增加0.5 m,达到4 m,底板塑性区深度增加0.5 m,达到3 m,由此可以看出在超前剧烈影响阶段二次采动对顶、底板的影响较大。

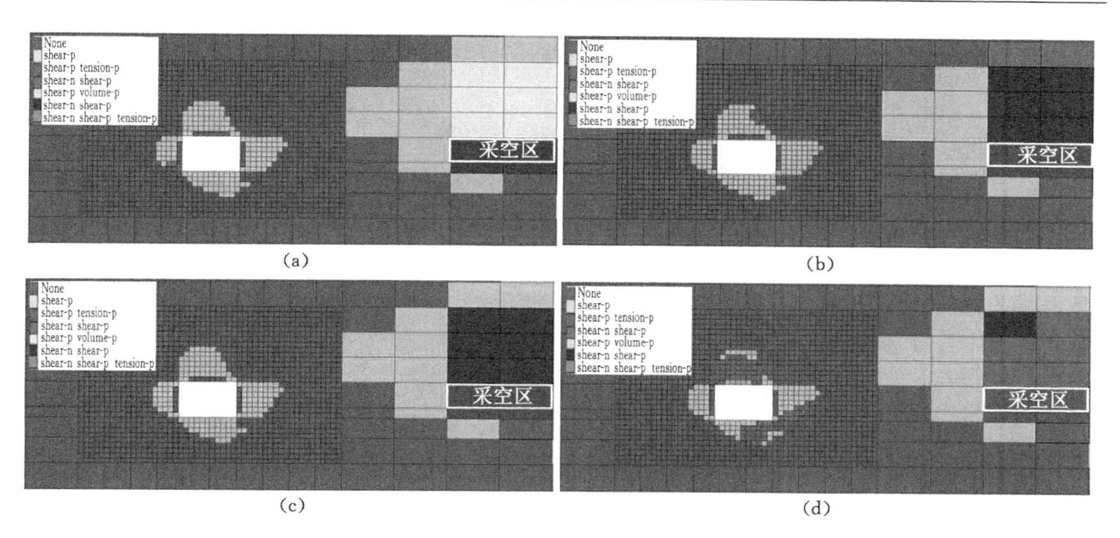

(a) 工作面推进 100 m;(b) 工作面推进 200 m;(c) 工作面推进 300 m;(d) 工作面推进 400 m。

图 3-17　二次采动影响前方稳定阶段留巷围岩塑性区

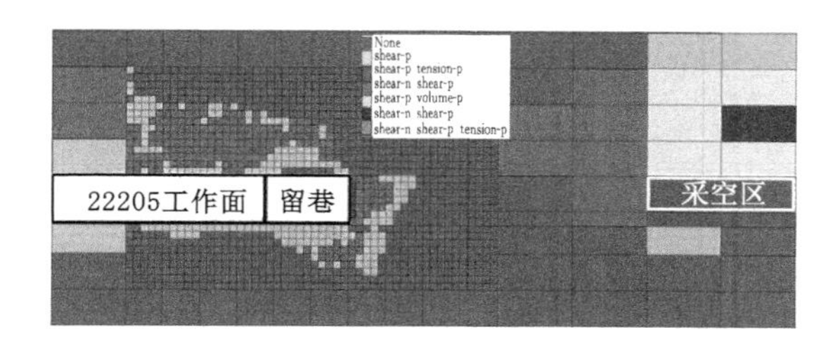

图 3-18　二次采动超前剧烈影响阶段留巷围岩塑性区

为了更加清楚地分析二次采动影响的第一阶段——超前剧烈影响阶段留巷围岩塑性区演化规律,以工作面推进 500 m 为基础,分别截取工作面前方 5 m、10 m、15 m 和 20 m 处留巷围岩塑性区,如图 3-19 所示。

由二次采动超前剧烈影响阶段留巷围岩塑性区可以发现:越靠近工作面,塑性区范围越大,其形态仍旧呈现非对称分布特征。将工作面前方 20 m 处的留巷围岩塑性区与图 3-17(d)所示的留巷围岩塑性区对比发现:留巷围岩塑性区范围及形态发生变化,塑性区范围有了明显增加;顶、底板及两帮依旧保持之前的偏转发展方向继续扩展;塑性区深度没有增加;结合最大主应力方向与竖直方向的夹角可知,此位置夹角由稳定阶段的 38°减小到 26°,主应力方向继续向竖直方向偏转。将工作面前方15 m位置的留巷围岩塑性区与工作面前方 20 m 位置的对比发现:留巷围岩塑性区范围及形态没有发生明显变化,只有留巷底板塑性区范围有所增加。将工作面前方 10 m 位置的留巷围岩塑性区与工作面前方 15 m 位置的对比发现:留巷围岩塑性区范围发生明显变化,顶板偏向煤壁帮继续发展,底板偏向煤柱帮继续发展,煤壁帮扩展较为明显,塑性区深度增加 0.5 m,达到 3 m。将工作面前方 5 m 位置的留巷围岩塑性区与工作面前方 10 m 位置的对比发现:留巷顶、底板塑性区范围变化明显,顶板偏向煤壁帮继续发展,底板偏向煤柱帮继续发展;煤壁帮塑性区继续扩展。

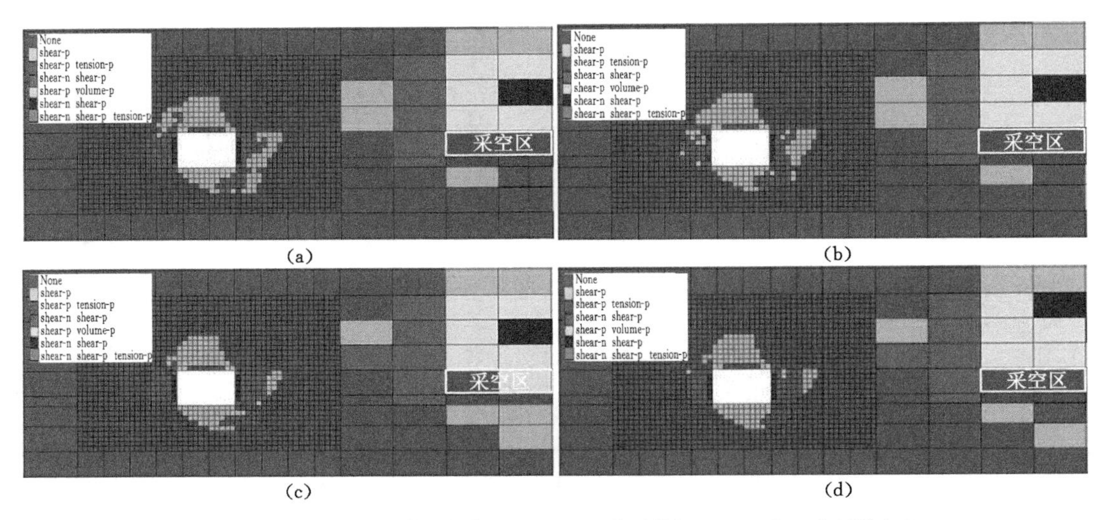

(a) 工作面前方 5 m；(b) 工作面前方 10 m；(c) 工作面前方 15 m；(d) 工作面前方 20 m。

图 3-19　超前剧烈影响阶段留巷围岩塑性区

为了更清晰地表达留巷受采动影响不同阶段塑性区演化规律，将上述表达方式转换成 22205 工作面推进 200 m 时，其前方不同位置对应的各阶段留巷围岩塑性区演化规律，如图 3-20所示。

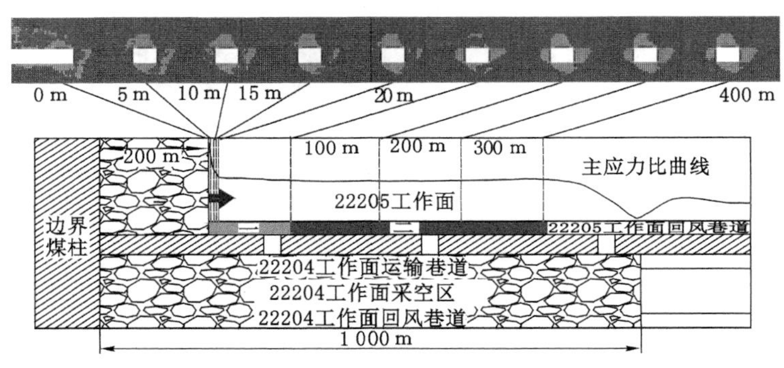

图 3-20　留巷受二次采动影响各阶段围岩塑性区演化图

在 22205 工作面开采过程中，留巷受采动影响围岩塑性区主要呈现两阶段特征：在工作面前方 100 m 以外，留巷处于二次采动前方稳定阶段。通过留巷轴向主应力曲线可知，在此阶段围岩主应力虽然比一次采动滞后影响稳定阶段有小幅度提高，但是塑性区范围、形态及深度都没有发生改变。在工作面至其前方 20 m 范围内，留巷处于二次采动超前剧烈影响阶段。分析发现：在该阶段，塑性区范围较稳定阶段有了明显的扩展，塑性区非对称分布特征更加明显，顶板偏向煤壁帮扩展、底板偏向煤柱帮扩展明显；结合对主应力方向的分析可知，在二次采动超前剧烈影响阶段，最大主应力方向与竖直方向的夹角由工作面前方稳定阶段的 38°减小到 22°，说明在此阶段主应力方向继续向竖直方向偏转。在工作面前方 10 m 范围内，留巷围岩塑性区深度开始增加，留巷顶、底板及煤壁帮塑性区深度都有所增加，但增加幅度不大，煤柱帮塑性区深度在整个二次采动过程中没有增加；结合主应力曲线可以看出，在工作面前方 10 m 范围内留巷围岩主应力变化幅度最大，越靠近工作面，主应力越大。由以上分析可以看出，在此条件下二次采动对留巷底板及煤壁帮影响较大，对顶板影响次之，对煤柱帮基本没有影响。

留巷受采动影响围岩塑性区演化全过程呈现明显的阶段性，留巷受一次采动影响期间，围岩塑性区扩展呈现五阶段特征，急剧变化过程位于滞后剧烈影响阶段。留巷受二次采动影响期间，围岩塑性区扩展呈现两阶段特征，急剧变化过程位于超前剧烈影响阶段。滞后剧烈影响阶段影响范围较大，主要为工作面后方 200 m 范围，而超前剧烈影响阶段大概在超前工作面 10 m 范围内。从进入滞后影响稳定阶段到超前剧烈影响阶段，留巷都处于稳定状态，且持续的范围及时间最长。

3.3 煤柱尺寸对重复采动巷道围岩塑性区阶段特征影响分析

巷道煤柱尺寸是决定巷道围岩稳定性的关键因素之一。改变煤柱尺寸会带来留巷位置的改变。通过前文对采空区侧方主应力的分析可知，采空区侧方不同位置围岩应力的大小、方向都会发生变化。因此，为了研究不同煤柱尺寸对留巷围岩塑性区形态特征的影响规律，揭示留巷非均匀变形破坏机理具有重要的理论意义。

根据 22205 工作面回风巷道(留巷)实际地质条件，将煤柱宽度由 20 m 调整为 10 m 和 30 m，同样在距开切眼 500 m 位置设置监测断面，在工作面每推进 100 m 时截取留巷围岩塑性区，并与前文 20 m 宽煤柱条件下留巷围岩塑性区形态特征进行对比分析，总结煤柱尺寸对留巷围岩塑性区形态特征的影响。

3.3.1 10 m 宽煤柱留巷各阶段围岩塑性区形态特征

(1) 受一次采动影响留巷各阶段围岩塑性区形态特征

当 22204 工作面推进 100～1 000 m 时，分析留巷监测断面在各个阶段围岩塑性区变化情况，并与 20 m 宽煤柱留巷围岩塑性区进行对比。截取监测断面留巷围岩塑性区，如图 3-21所示。

由图 3-21(a)和图 3-21(b)可知：监测断面处于掘进影响阶段，留巷围岩塑性区无任何变化；顶、底板的塑性区范围大于两帮的塑性区范围，这是由于留巷围岩在掘进阶段的水平应力大于垂直应力；塑性区形态呈对称分布特征，顶、底板塑性区形状均为拱状，最大破坏深度发生在中部，顶板中央位置的塑性破坏深度为 2 m，底板中部的塑性破坏深度为 1.5 m，四个角部塑性破坏范围较小；两帮塑性区形状则为上下高、中间低的凹状，中部最大破坏深度为 1.0 m，上下部塑性破坏深度为 1.5 m。与煤柱宽度为 20 m 时的情况相比，留巷围岩塑性区无变化。

由图 3-21(c)和图 3-21(d)可知：监测断面处于一次采动影响的第一阶段——初期扰动阶段，留巷围岩塑性区与掘进影响阶段相比基本没有变化，只是底板塑性区深度增加0.5 m，达到 2 m。与煤柱宽度为 20 m 时的情况相比，留巷围岩塑性区基本没有变化。

由图 3-21(e)可知：监测断面处于一次采动影响的第二阶段——初期调整阶段，留巷围岩塑性区范围均有所增加，两帮的塑性区形态逐渐由上下高、中间低的凹状向上下低、中间高的拱状发展；两帮塑性区深度有所增加，两帮塑性区深度均增加 0.5 m，达到 1.5 m。留巷

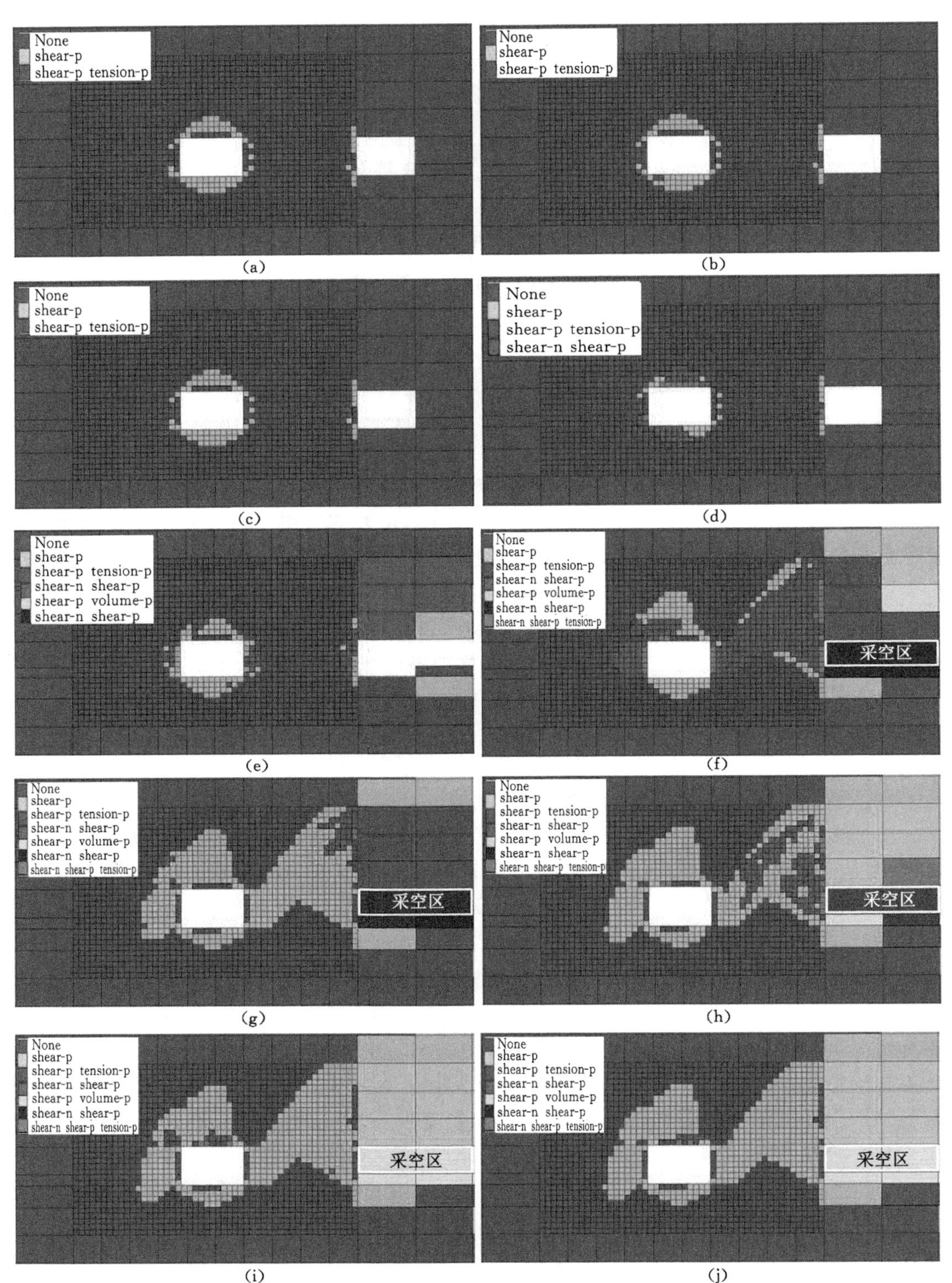

(a) 工作面推进 100 m;(b) 工作面推进 200 m;(c) 工作面推进 300 m;(d) 工作面推进 400 m;(e) 工作面推进 500 m;(f) 工作面推进 600 m;(g) 工作面推进 700 m;(h) 工作面推进 800 m;(i) 工作面推进 900 m;(j) 工作面推进 1 000 m。

图 3-21　10 m 宽煤柱留巷受一次采动影响围岩塑性区

监测断面在与工作面煤壁平行的位置，工作面的开采使其侧方水平应力得到释放，留巷围岩最大主应力方向逐渐由水平方向向竖直方向偏转。与煤柱宽度为 20 m 时的情况相比，留巷围岩塑性区范围有所增加，煤壁帮塑性区深度增加 0.5 m，说明在此阶段留巷煤壁帮受采动影响的程度要稍大于煤柱宽度为 20 m 时的。

由图 3-21(f)可知：监测断面处于一次采动影响的第三阶段——滞后剧烈影响阶段，留巷围岩塑性区较前几阶段发生明显的变化，塑性区范围及形态都发生明显改变，顶板及两帮塑性区都产生明显的非均匀扩展。顶板偏向煤壁帮扩展，其塑性区深度明显增加，较上一阶段增加 2.5 m，达到 4.5 m；煤壁帮塑性区向深部扩展较为明显，深度较上一阶段增加 1.5 m，达到 3 m；煤柱帮偏向顶板扩展，且扩展最为明显，此时煤柱帮塑性区与采空区连通，贯穿整个煤柱帮；底板无任何变化。与煤柱宽度为 20 m 时的情况相比，留巷围岩塑性区范围明显增加，顶板塑性区深度增加 1.5 m，煤壁帮塑性区深度增加 1 m，煤柱帮塑性区已贯通整个煤柱。

由图 3-21(g)可知：监测断面仍处于一次采动影响的第三阶段——滞后剧烈影响阶段，随着工作面的继续推进，留巷围岩塑性区进一步发生变化，塑性区范围及形态继续发生明显改变，顶板及煤壁帮依旧保持之前的偏转发展方向，顶板偏向煤壁帮扩展，煤壁帮偏向底板扩展，顶板塑性区已与煤壁帮相连通。塑性区深度继续发生明显的变化，顶板向深部扩展得最为明显，塑性区深度增加 1 m，达到 5.5 m；煤壁帮塑性区深度增加 0.5 m，达到 3.5 m；底板及煤柱帮塑性区深度基本无任何变化。与煤柱宽度为 20 m 时的情况相比，留巷围岩塑性区范围继续变化，顶板塑性区深度增加 2 m；底板塑性区深度减小 0.5 m；煤壁帮塑性区深度增加 0.5 m；煤柱帮塑性区已贯通整个煤柱。从图 3-21(f)和图 3-21(g)所示的塑性区范围及形态可以看出，在此阶段留巷顶板及两帮受采动影响的程度明显大于煤柱宽度为 20 m 时的，而底板受采动影响的程度相对较小。

由图 3-21(h)至图 3-21(j)可知：监测断面处于一次采动影响的第四阶段——滞后影响稳定阶段，随着工作面的继续推进，留巷围岩塑性区范围及形态没有发生明显变化，塑性区范围只有小幅度的增加，塑性区深度均没有增加。与煤柱宽度为 20 m 时的情况相比，留巷围岩塑性区深度仍保持着上一阶段产生的差距。

将上述表达方式转换成 22204 工作面推进 1 000 m 时，其前后不同位置对应的各阶段留巷围岩塑性区演化规律，如图 3-22 所示。

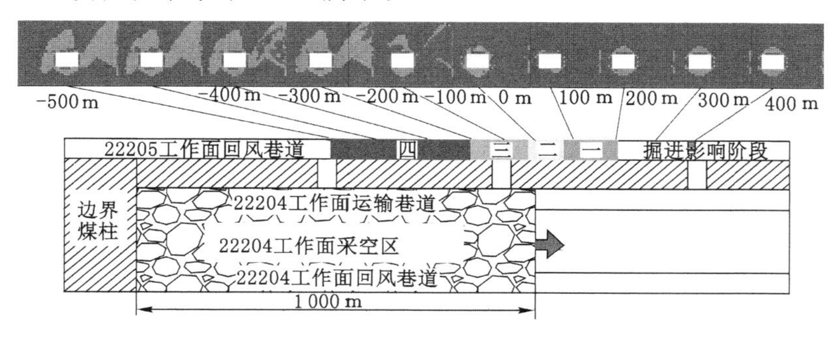

图 3-22　10 m 宽煤柱留巷受一次采动影响各阶段围岩塑性区演化图

由 22204 工作面开采过程中 10 m 宽煤柱与 20 m 宽煤柱留巷围岩塑性区对比可知，

10 m宽煤柱留巷围岩塑性区同样呈现五阶段特征：在工作面前方 300～400 m 时，留巷处于掘进影响阶段，煤柱宽度的变化对留巷围岩塑性区没有影响；在工作面前方 100～200 m 时，留巷受到工作面采动影响，处于工作面前方的初期扰动阶段，围岩塑性区范围仍旧较小，但是较掘进影响阶段有所增加，底板塑性区深度有小幅度的增加，煤柱宽度的变化依旧对留巷围岩塑性区没有影响；在工作面前方 0～100 m 时，留巷处于采动初期调整阶段，围岩塑性区范围有所增加，煤壁帮塑性区深度有小幅度的增加，煤柱宽度的变化对煤壁帮的影响稍大；在工作面后方 0～200 m 时，留巷受到采空区侧方采动应力影响，处于工作面后方的滞后剧烈影响阶段，塑性区范围及形态都发生明显的改变，塑性区形态呈现明显的非对称性，此阶段是留巷围岩塑性区扩展的最严重阶段，顶板及两帮塑性区深度都有明显的增加，其中，煤柱帮塑性区变化最为明显，煤柱宽度的变化对留巷围岩塑性区影响最大；在工作面后方 200～500 m 时，留巷处于工作面后方的滞后影响稳定阶段，围岩塑性区范围及形态没有发生明显变化。

(2) 受二次采动影响留巷各阶段围岩塑性区形态特征

当 22205 工作面推进 100～500 m 时，留巷监测断面相对在工作面前方 0～400 m。为了分析留巷监测断面在各个阶段围岩塑性区变化情况，并与 20 m 宽煤柱留巷围岩塑性区进行对比，截取监测断面留巷围岩塑性区，如图 3-23 所示。

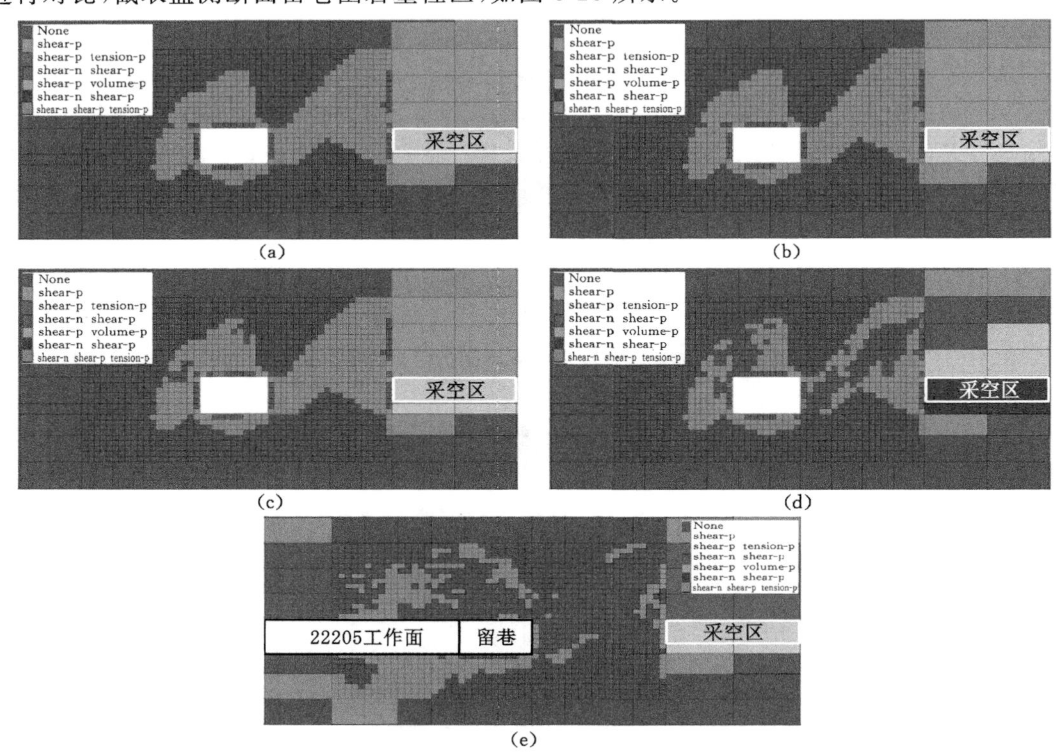

(a) 工作面推进 100 m；(b) 工作面推进 200 m；(c) 工作面推进 300 m；

(d) 工作面推进 400 m；(e) 工作面推进 500 m。

图 3-23　10 m 宽煤柱留巷受二次采动影响围岩塑性区

由图 3-23(a)至图 3-23(d)可知,监测断面处于二次采动影响工作面超前影响稳定阶段,留巷围岩塑性区范围、形态及深度都没有发生变化。

由图 3-23(e)可知,留巷监测断面处于与工作面煤壁平行位置,留巷煤壁帮已经采空,顶板塑性区已与工作面顶板塑性区连通。塑性区深度也发生明显改变,顶板塑性区深度增加 2 m,达到 7.5 m;底板塑性区深度增加 1 m,达到 3 m。与煤柱宽度为 20 m 时的情况相比,顶板塑性区深度增加 3.5 m,底板塑性区深度相同。

当 22205 工作面推进 500 m 时,分别截取工作面前方 5 m、10 m、15 m 和 20 m 处留巷围岩塑性区,如图 3-24 所示,分析工作面前方不同位置对应的留巷围岩塑性区演化规律。

由图 3-24 可知,越靠近工作面,塑性区范围越大,扩展越剧烈,其形态仍旧呈现非对称分布特征。将图 3-24(d)与图 3-23(d)对比发现:在工作面前方 20 m 位置,留巷围岩塑性区范围及形态发生变化,塑性区范围有了明显增加;顶、底板及煤壁帮塑性区依旧保持之前的偏转发展方向继续扩展,煤壁帮偏向底板扩展最为明显;顶、底板及煤壁帮塑性区深度均有所增加,顶板增加 0.5 m,达到 6 m,底板增加 0.5 m,达到 2.5 m,煤壁帮增加 0.5 m,达到 4.5 m。与煤柱宽度为 20 m 时的情况相比,留巷围岩塑性区范围有明显增加,顶板塑性区深度增加 2.5 m,底板塑性区深度相同,煤壁帮塑性区深度增加 2 m。

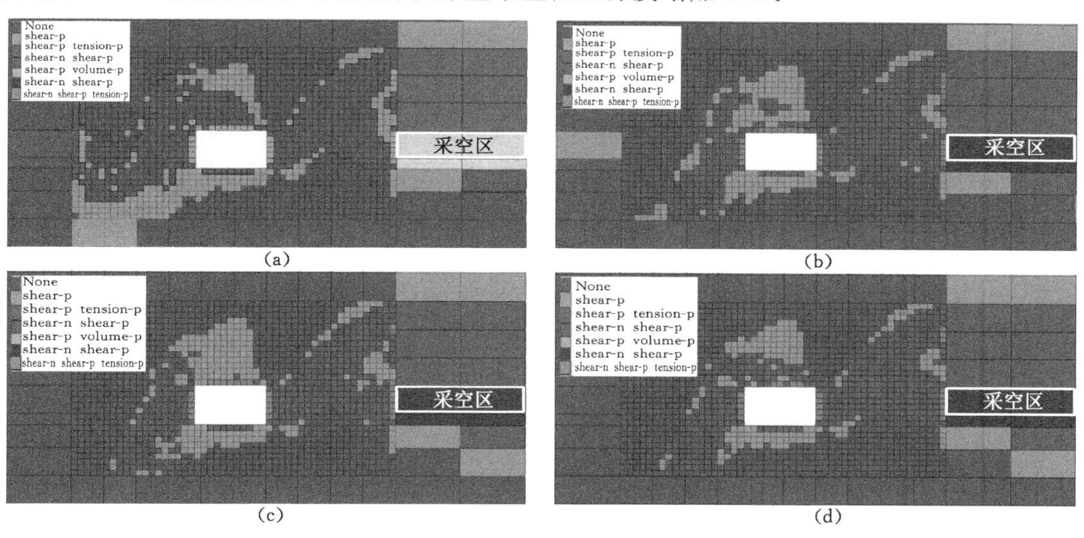

(a) 工作面前方 5 m;(b) 工作面前方 10 m;(c) 工作面前方 15 m;(d) 工作面前方 20 m。

图 3-24 10 m 宽煤柱留巷超前剧烈影响阶段围岩塑性区

将图 3-24(d)与图 3-24(c)对比可知:在工作面前方 15 m 位置,留巷围岩塑性区范围及形态继续发生变化,顶、底板及煤壁帮塑性区依旧保持之前的偏转发展方向继续扩展,煤壁帮偏向底板扩展且最为明显,顶、底板扩展范围较小;底板及煤壁帮塑性区深度均有所增加,底板增加 0.5 m,达到 3 m,煤壁帮增加 0.5 m,达到 5 m。与煤柱宽度为 20 m 时的情况相比,留巷围岩塑性区范围明显增加,底板塑性区深度增加 0.5 m,煤壁帮塑性区深度增加 2.5 m。

将图 3-24(b)与图 3-24(c)对比可知:在工作面前方 10 m 位置,留巷围岩塑性区范围继续扩展,煤壁帮偏向底板扩展且最为明显,塑性区深度增加 0.5 m,达到 5.5 m。与煤柱宽度为 20 m 时的情况相比，煤壁帮塑性区深度增加 2.5 m。

将图 3-24(a)与图 3-24(b)对比可知：在工作面前方 5 m 位置，留巷围岩塑性区范围继续扩展，煤壁帮与工作面超前塑性区相连通。在此阶段，留巷顶板及两帮塑性区受采动影响的程度明显大于煤柱宽度为 20 m 时的。

在煤柱宽度为 10 m 的情况下，当 22205 工作面推进 200 m 时，其前方不同位置对应的各阶段留巷围岩塑性区演化规律如图 3-25 所示。

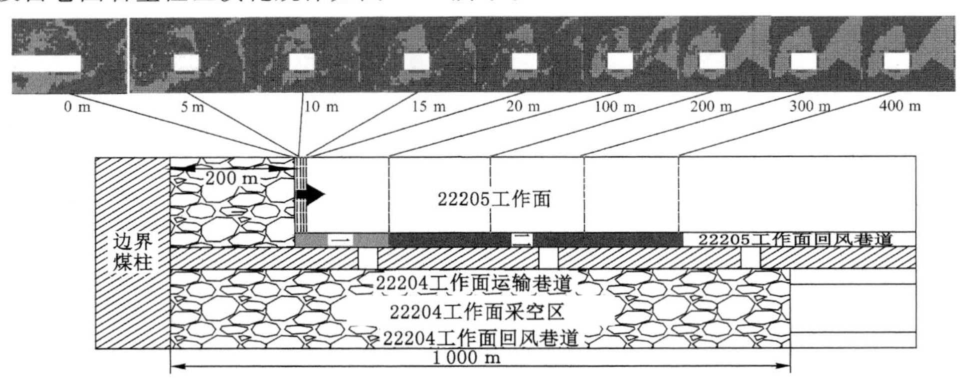

图 3-25　10 m 宽煤柱留巷受二次采动影响各阶段围岩塑性区演化图

在 22205 工作面开采过程中，留巷受采动影响围岩塑性区呈现两阶段特征：在工作面前方 100 m 以外，留巷处于二次采动前方稳定阶段，围岩塑性区范围、形态及深度与一次采动滞后影响稳定阶段相比都没有发生改变。在工作面煤壁位置及其前方 20 m 范围内，留巷处于二次采动超前剧烈影响阶段，围岩塑性区范围较稳定阶段有了明显的扩展，塑性区非对称分布特征更加明显；在工作面前方 10 m 处，留巷围岩塑性区深度增加，留巷顶、底板及煤壁帮塑性区深度都有所增加，且煤壁帮变化最为明显，在工作面前方 5 m 位置与工作面超前塑性区相连通。

综上所述，由 10 m 宽煤柱与 20 m 宽煤柱留巷受采动影响围岩塑性区形态特征对比可知，两者均呈现明显的阶段性特征，而且各阶段变化规律基本相同；10 m 宽煤柱留巷围岩塑性区受采动影响的程度明显大于 20 m 宽煤柱情况。

3.3.2　30 m 宽煤柱留巷各阶段围岩塑性区形态特征

(1) 受一次采动影响留巷各阶段围岩塑性区形态特征

当 22204 工作面推进 100～1 000 m 时，为了分析留巷监测断面在各个阶段围岩塑性区变化情况，并与 20 m 宽煤柱留巷围岩塑性区进行对比，截取监测断面留巷围岩塑性区，如图 3-26 所示。

由图 3-26(a)和图 3-26(b)可知，监测断面处于掘进影响阶段，留巷围岩塑性区无任何变化；顶、底板的塑性区范围大于两帮的塑性区范围，塑性区形态呈对称分布特征，顶、底板塑性区深度为 2 m，两帮塑性区深度为 1.5 m。与煤柱宽度为 20 m 时的情况相比，留巷围岩塑性区基本无变化。

由图 3-26(c)和图 3-26(d)可知，监测断面处于一次采动影响的第一阶段——初期扰动

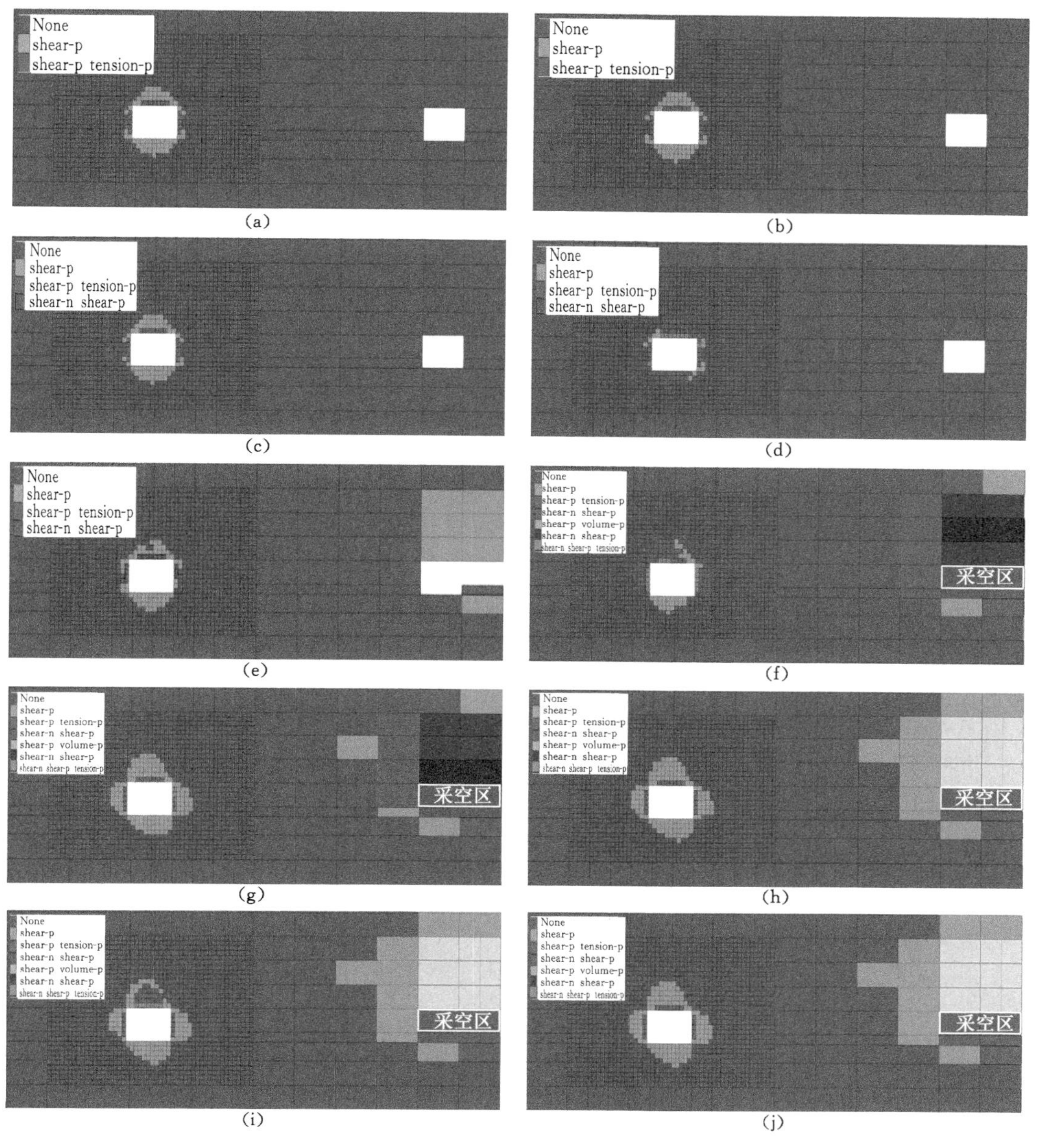

(a) 工作面推进 100 m;(b) 工作面推进 200 m;(c) 工作面推进 300 m;(d) 工作面推进 400 m;(e) 工作面推进 500 m;(f) 工作面推进 600 m;(g) 工作面推进 700 m;(h) 工作面推进 800 m;(i) 工作面推进 900 m;(j) 工作面推进 1 000 m。

图 3-26　30 m 宽煤柱留巷受一次采动影响围岩塑性区

阶段,留巷围岩塑性区与掘进影响阶段相比基本没有变化。与煤柱宽度为 20 m 时的情况相比,留巷围岩塑性区基本没有变化。

由图 3-26(e)可知,监测断面处于一次采动影响的第二阶段——初期调整阶段,留巷两帮塑性区范围略有所增加,塑性区深度没有增加。与煤柱宽度为 20 m 时的情况相比,留巷围岩塑性区范围有所减小,煤柱帮塑性区深度减小 0.5 m,说明在此阶段留巷煤柱帮受采动影响的程度要稍小于煤柱宽度为 20 m 时的。

由图 3-26(f)可知，监测断面处于一次采动影响的第三阶段——滞后剧烈影响阶段，留巷围岩塑性区较前几阶段发生明显的变化，塑性区范围及形态都发生明显改变，顶、底板及两帮塑性区都产生明显的非均匀扩展。顶板偏向煤壁帮扩展，其塑性区深度明显增加，较上一阶段增加 0.5 m，达到 2.5 m；煤壁帮向深部扩展较为明显，煤柱帮偏向顶板扩展，两帮塑性区深度均增加 1 m，达到 2 m；底板偏向煤柱帮扩展，其塑性区深度无任何变化。与煤柱宽度为 20 m 时的情况相比，留巷围岩塑性区范围明显减小，顶板塑性区深度减小0.5 m，煤柱帮塑性区深度减小 1.5 m。

由图 3-26(g)可知，监测断面仍处于一次采动影响的第三阶段——滞后剧烈影响阶段，随着工作面的继续推进，留巷围岩塑性区进一步发生变化，塑性区范围及形态继续发生改变，顶板偏向煤壁帮向深部扩展，底板偏向煤柱帮扩展，煤壁帮偏向顶板扩展，煤柱帮偏向底板扩展。塑性区深度继续增加，顶板塑性区深度增加 0.5 m，达到 3 m；煤柱帮塑性区深度增加 0.5 m，达到 2.5 m。与煤柱宽度为 20 m 时的情况相比，留巷围岩塑性区范围继续减小，顶板塑性区深度减小 0.5 m，煤壁帮塑性区深度减小 0.5 m，煤柱帮塑性区深度减小 1.5 m。从图 3-26(f)和图 3-26(g)所示的塑性区范围及形态可以看出，在此阶段留巷顶板及两帮受采动影响的程度明显小于 20 m 宽煤柱情况。

由图 3-26(h)至图 3-26(j)可知，监测断面处于一次采动影响的第四阶段——滞后影响稳定阶段，随着工作面的继续推进，留巷围岩塑性区范围及形态没有发生明显变化，塑性区范围只有小幅度的增加，仅底板塑性区深度增加 0.5 m，达到 2.5 m。与煤柱宽度为 20 m 时的情况相比，仅底板塑性区深度增加 0.5 m，留巷围岩塑性区深度仍基本保持着上一阶段产生的差距。

将上述表达方式转换成 22204 工作面推进 1 000 m 时，其前后不同位置对应的各阶段留巷围岩塑性区演化规律，如图 3-27 所示。

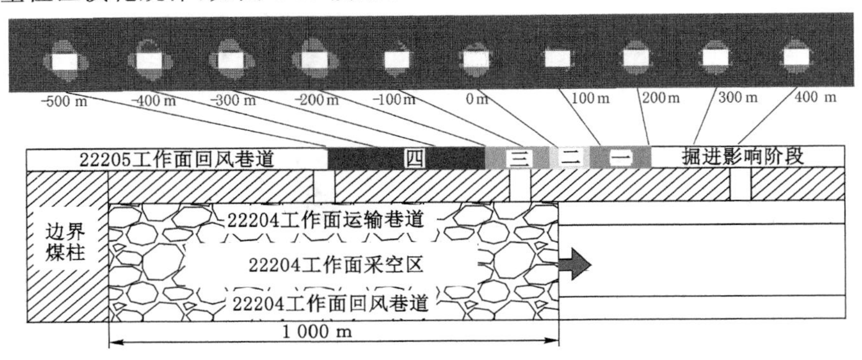

图 3-27　30 m 宽煤柱留巷受一次采动影响各阶段围岩塑性区演化图

由 22204 工作面开采过程中煤柱宽度分别为 30 m 与 20 m 时的留巷围岩塑性区对比可知，30 m 宽煤柱留巷围岩塑性区同样呈现五阶段特征：在工作面前方 300～400 m 时，留巷处于掘进影响阶段，煤柱宽度的变化对留巷围岩塑性区没有影响；在工作面前方 100～200 m 时，留巷受工作面采动影响，处于工作面前方的初期扰动阶段，围岩塑性区范围仍旧较小，但是较掘进影响阶段有所增加，煤柱宽度变化对留巷围岩塑性区没有影响；在工作面前方 0～100 m 时，留巷处于采动初期调整阶段，围岩塑性区范围有所增加，但塑性区深度没有变化，煤柱宽度的变化对煤柱帮的影响稍大；在工作面后方 0～200 m 时，留巷受采空区侧方采动应力影响，处于滞后剧烈影响阶段，围岩塑性区呈现明显的非对称性，此阶段是留巷围岩塑性区扩展的最严重阶段，顶板及两帮塑性区深度都有增加，但增加幅度较小，煤柱宽度的变化对留巷围岩塑性区影响最大；在工作面后方 200～500 m 时，留巷处于工作面后方的滞后影响稳定阶段，围岩塑性区范围及形态没有发生明显变化。

(2) 受二次采动影响留巷各阶段围岩塑性区形态特征

当 22205 工作面推进 100～500 m 时，留巷监测断面相对在工作面前方 0～400 m。为了分析留巷监测断面在各个阶段围岩塑性区变化情况，并与 20 m 宽煤柱留巷围岩塑性区进行对比，截取监测断面留巷围岩塑性区，如图 3-28 所示。

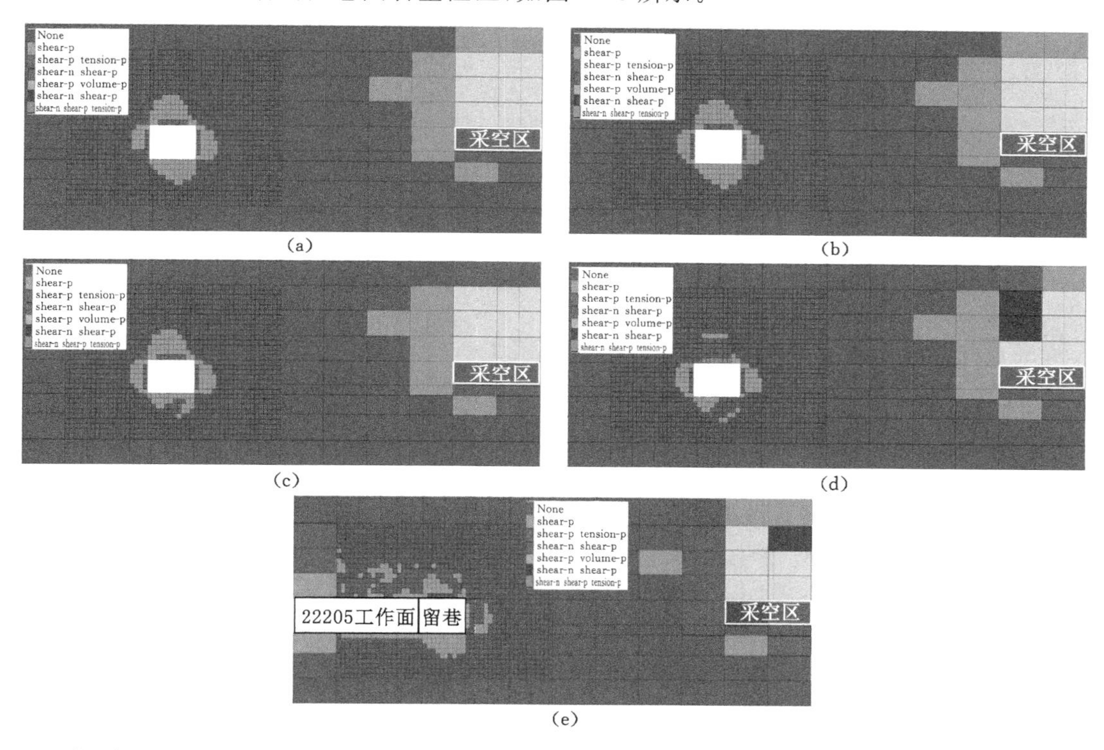

(a)　(b)　(c)　(d)　(e)

(a) 工作面推进 100 m；(b) 工作面推进 200 m；(c) 工作面推进 300 m；(d) 工作面推进 400 m；(e) 工作面推进 500 m。

图 3-28　30 m 宽煤柱留巷受二次采动影响围岩塑性区

由图 3-28(a)至图 3-28(d)可知，监测断面处于工作面前方稳定阶段，留巷围岩塑性区范围、形态及深度都没有发生变化，与一次采动滞后影响稳定阶段时保持一致。

由图 3-28(e)可知，留巷监测断面相对在工作面煤壁位置，处于工作面超前剧烈影响阶段，留巷煤壁帮已经采空，顶板塑性区已与工作面顶板塑性区连通。塑性区深度发生明显改变，顶板塑性区深度增加 0.5 m，达到 3.5 m；煤柱帮塑性区深度增加 0.5 m，达到 3 m。与煤柱宽度为 20 m 时的情况相比，留巷围岩塑性区范围及深度减小，顶板塑性区深度减小 0.5 m，底板塑性区深度减小 0.5 m，煤柱帮塑性区深度减小 1.5 m。在此阶段，留巷围岩塑性区范围及深度都小于 20 m 宽煤柱情况。

当 22205 工作面推进 500 m 时，分别截取工作面前方 5 m、10 m、15 m 和 20 m 处留巷围岩塑性区，如图 3-29 所示，分析工作面前方不同位置对应的各阶段留巷围岩塑性区演化规律。

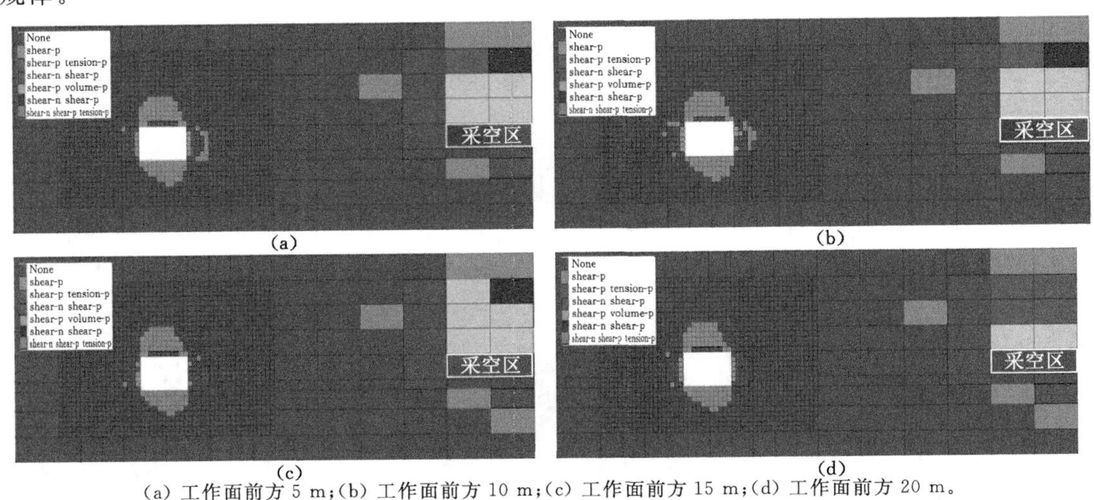

(a) 工作面前方 5 m；(b) 工作面前方 10 m；(c) 工作面前方 15 m；(d) 工作面前方 20 m。

图 3-29　30 m 宽煤柱留巷超前剧烈影响阶段围岩塑性区

由图 3-29 可知，在工作面前方 5～20 m 范围内，留巷围岩塑性区形态基本没有变化，顶板及底板塑性区范围也没有变化，两帮塑性区范围有所增加，且煤壁帮塑性区深度略有增加。将图 3-29(c)和图 3-29(d)与图 3-28(d)对比发现：在工作面前方 15～20 m 范围内，留巷围岩塑性区深度及形态没有发生变化，仅煤壁帮塑性区范围有了较小的增加。将图 3-29(b)与图 3-29(c)对比可知：在工作面前方 10 m 位置，煤壁帮塑性区深度增加 0.5 m，达到2.5 m。将图 3-29(a)与图 3-29(b)对比可知：在工作面前方 5 m 位置，留巷两帮塑性区范围略有增加；与煤柱宽度为 20 m 时的情况相比，留巷围岩塑性区范围及深度都有所减小，顶板塑性区深度减小 0.5 m，煤壁帮塑性区深度减小 0.5 m，煤柱帮塑性区深度减小2 m，说明在此阶段留巷顶板及两帮受采动影响的程度明显小于 20 m 宽煤柱情况。

当 22205 工作面推进 200 m 时，其前方不同位置对应的各阶段留巷围岩塑性区演化规律如图 3-30 所示。

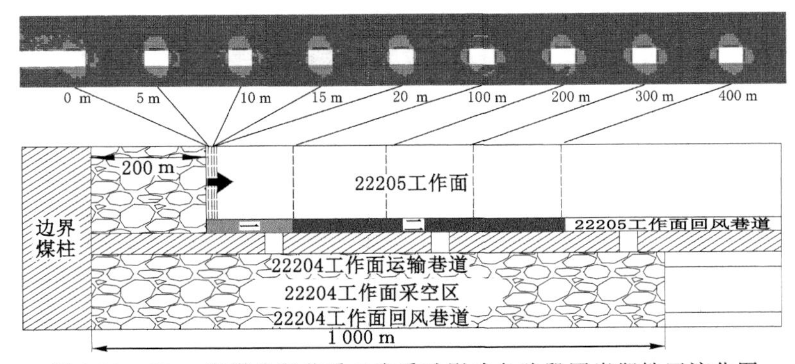

图 3-30　30 m 宽煤柱留巷受二次采动影响各阶段围岩塑性区演化图

在22205工作面开采过程中，留巷受采动影响围岩塑性区呈现两阶段特征：在工作面前方100 m以外，留巷处于二次采动前方稳定阶段，围岩塑性区范围、形态及深度与一次采动滞后影响稳定阶段相比没有发生改变。在工作面煤壁位置及其前方20 m范围内，留巷处于二次采动超前剧烈影响阶段，在工作面前方20 m处留巷仅两帮塑性区范围有所增加，但不明显，在工作面前方10 m处煤壁帮塑性区深度有所增加。

综上所述，由30 m宽煤柱与20 m宽煤柱留巷受采动影响围岩塑性区形态特征对比可知，两者均呈现明显的阶段性特征，而且各阶段变化规律基本相同；30 m宽煤柱留巷围岩塑性区受采动影响的程度明显小于20 m宽煤柱情况。

4 重复采动巷道围岩塑性区演化机理及塑性破坏深度主控因素显著性研究

重复采动巷道受开采活动的影响，围岩应力场呈现非等压状态，塑性区产生非均匀形态特征。本章利用非等压应力场圆形巷道围岩塑性区边界方程、蝶形塑性区理论及数值模拟方法，探究巷道围岩应力场变化对围岩塑性区形态特征影响规律，揭示重复采动巷道围岩塑性区演化规律力学机制，在此基础之上，研究塑性区形态特征和关键影响因素；结合神东矿区开采条件及围岩条件优选出影响重复采动巷道围岩塑性破坏深度的主控因素，采用正交试验和多元回归分析方法，对重复采动巷道围岩塑性破坏深度的主控因素及其显著性进行研究，进而获得重复采动巷道围岩塑性破坏深度的非线性预测公式。

4.1 巷道围岩塑性破坏理论分析

4.1.1 巷道围岩塑性破坏形态分析

巷道围岩的破坏形态问题，在力学本质上是巷道围岩的弹塑性问题。往往为便于理论分析，假设埋深大于或等于 20 倍的巷道半径，忽略巷道影响范围(5 倍的巷道半径)内的岩石自重，与原问题的误差不超过 5%，于是水平原岩应力可以简化为均布的；围岩为均质、各向同性、线弹性的，无蠕变性或黏性行为；在巷道断面内，水平和垂直方向的原岩应力沿巷道长度方向是不变化的；巷道断面形状为圆形，在无限长的巷道中，围岩的性质一致。这样，可将实际巷道模型简化为弹塑性力学中的载荷与结构都轴对称的平面应变圆孔问题，于是采用弹塑性力学中圆孔的平面应变模型求解圆形巷道围岩应力分布和弹塑性形态。采用平面应变问题的研究方法，取巷道的任一截面作为其代表进行研究。

建立图 4-1 所示圆形巷道围岩受力模型，r 为巷道半径，R_0、θ 为极坐标，围压 p_1、p_3 构成巷道围岩区域应力场的最大主应力、最小主应力。定义 η 为主应力比(围压比)，即最大与最小主应力之比，表达式为：

$$\eta = p_1 / p_3 \geqslant 1 \tag{4-1}$$

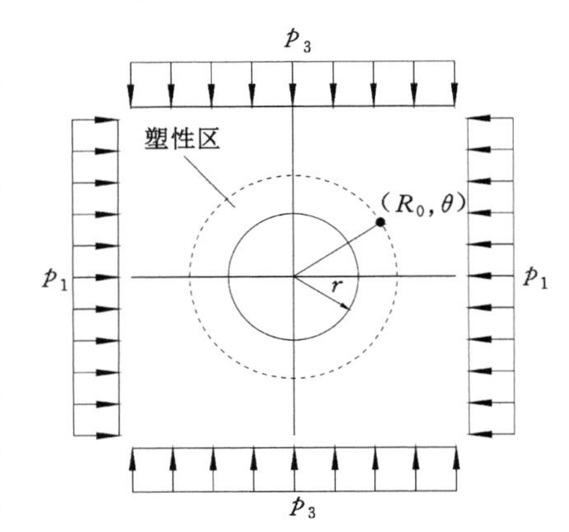

图 4-1 非均匀应力场圆形巷道围岩受力模型

根据所建立的力学模型，文献[131-132]以莫尔-库仑准则为基础，利用弹性力学中的弹性平板中圆孔周围的二维应力分布解，推导出了非均匀应力场中圆形巷道在极坐标下围岩塑性区边界的隐性方程：

$$9(1-\eta)^2\left(\frac{r}{R_0}\right)^8-[12(1-\eta)^2+6(1-\eta^2)\cos 2(\theta-\alpha)]\left(\frac{r}{R_0}\right)^6+$$
$$\{2(1-\eta)^2[\cos^2 2(\theta-\alpha)(5-2\sin^2\varphi)-\sin^2 2(\theta-\alpha)]+$$
$$(1+\eta)^2+4(1-\eta^2)\cos 2(\theta-\alpha)\}\left(\frac{r}{R_0}\right)^4-$$
$$[4(1-\eta)^2\cos 4(\theta-\alpha)+2(1-\eta^2)\cos 2(\theta-\alpha)(1-2\sin^2\varphi)-$$
$$\frac{4}{p_3}(1-\eta)\cos 2(\theta-\alpha)\sin 2\varphi C]\left(\frac{r}{R_0}\right)^2+$$
$$\left[(1-\eta)^2-\sin^2\varphi\left(1+\eta+\frac{2C}{p_3}\frac{\cos\varphi}{\sin\varphi}\right)^2\right]=0 \tag{4-2}$$

式中，α 为最大主应力方向与竖直方向的夹角(顺时针为正值)；C 为岩石黏聚力；φ 为岩石内摩擦角。

分析方程(4-2)可得，在不同的应力条件下，圆形巷道围岩塑性区具有三种基本形态，即圆形、椭圆形和蝶形[133-134]。通过固定其他参数不变($p_1=20$ MPa，$r=3$ m，$C=3$ MPa，$\varphi=25°$)，改变参数 p_3 达到改变主应力比 η 的目的，即主应力比为1时，塑性区为圆形形态；当主应力比增加较小时，巷道围岩塑性区由圆形形态逐渐演化为椭圆形形态；当主应力比达到一定值以后，两个主应力方向的夹角平分线方向的塑性区发生明显扩展，塑性区边界轮廓呈现在两个主应力方向的夹角平分线方向凸出、在主应力方向凹陷的类似蝴蝶形形态，如图4-2所示，将这种类似蝴蝶形状的塑性区称为蝶形塑性区，凸出的部分称为蝶叶。

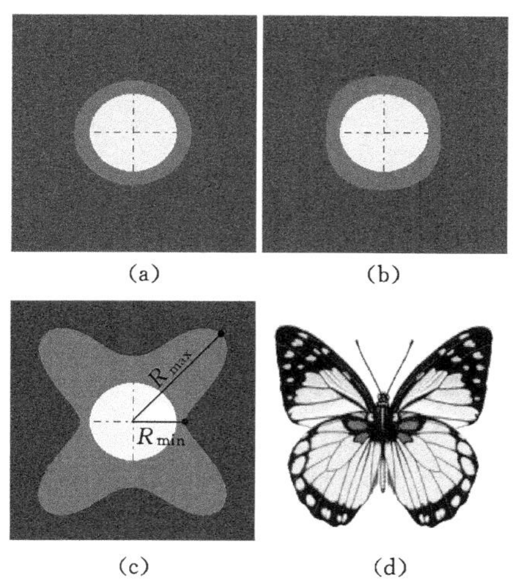

(a) 圆形($\eta=1$)；(b) 椭圆形($\eta=1.5$)；
(c) 蝶形($\eta=2.4$)；(d) 蝴蝶。

图 4-2 圆形巷道围岩塑性区一般形态

通过对蝶形塑性区分析可知，当巷道围岩受到垂直应力与水平应力作用时，在均质围岩条件下塑性区形态关于坐标轴具有严格对称性，如图4-3所示，边界轮廓呈现在坐标轴处凹陷、在四个象限内突出的蝶形形状，塑性区边界最小半径在横轴上、最大半径在四个象限中。定义四个象限内突出的部分为塑性区蝶叶，蝶叶的最大半径为塑性区最大半径，用 R_{max} 表示，最大半径线与横坐标轴的夹角为最大半径对应极角，用 θ_{max} 表示。巷道顶板塑性区大小对巷道支护有重要的指导意义，定义蝶叶最大半径线与纵坐标轴的夹角为蝶叶偏移角，用 β 表示，β 越小，顶板塑性区范围越大。

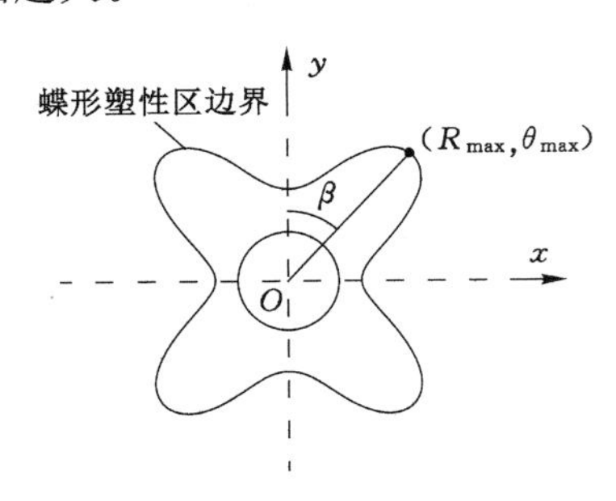

图 4-3　蝶形塑性区形态及主要参量表征示意图

4.1.2　重复采动巷道围岩塑性区形态特征

根据第 2 章的分析，留巷在受采动影响下围岩应力场表现出明显的变化特征，巷道往往处于加载状态，围岩最大主应力为最小主应力的数倍，一次采动引起的主应力比达到 1.25～1.55，二次采动期间主应力比达到 2.7。受采动应力场影响的巷道围岩塑性区的分布形态对于巷道围岩的稳定性会产生重要影响。因此，为了研究受采动应力场影响的巷道围岩塑性区的分布特征，利用非均匀应力场条件下圆形巷道围岩塑性区的边界方程(4-2)，在埋深 300 m 条件下，固定 p_3 及其他参数不变（$\gamma=25\ \mathrm{kN/m^3}$、$r=2$ m、$C=3$ MPa、$\varphi=25°$），改变 p_1 使主应力比 η 分别为 1.5、2、2.5 和 3，计算出采动应力场（不同主应力比）下圆形巷道不同位置蝶形塑性区半径，如表 4-1 所示。并绘制圆形巷道围岩蝶形塑性区形态图，如图 4-4所示。

表 4-1　采动应力场下圆形巷道不同位置塑性区半径　　单位：m

	主应力比为 1.5	主应力比为 2	主应力比为 2.5	主应力比为 3
极角为 0°	3.78	4.05	4.29	4.53
极角为 15°	3.77	4.08	4.44	4.94
极角为 30°	3.73	4.17	5.15	7.67
极角为 45°	3.63	4.15	5.73	8.96
极角为 60°	3.46	3.72	4.68	6.53
极角为 75°	3.29	3.42	3.92	4.05
极角为 90°	3.22	3.31	3.43	3.8
极角为 105°	3.29	3.42	3.92	4.05
极角为 120°	3.46	3.72	4.68	6.53
极角为 135°	3.63	4.15	5.73	8.96
极角为 150°	3.73	4.17	5.15	7.67
极角为 165°	3.77	4.08	4.44	4.94

表 4-1(续)

	主应力比为 1.5	主应力比为 2	主应力比为 2.5	主应力比为 3
极角为 180°	3.78	4.05	4.29	4.53
极角为 195°	3.77	4.08	4.44	4.94
极角为 210°	3.73	4.17	5.15	7.67
极角为 225°	3.63	4.15	5.73	8.96
极角为 240°	3.29	3.42	3.92	4.05
极角为 255°	3.46	3.72	4.68	6.53
极角为 270°	3.22	3.31	3.43	3.8
极角为 285°	3.29	3.42	3.92	4.05
极角为 300°	3.46	3.72	4.68	6.53
极角为 315°	3.63	4.15	5.73	8.96
极角为 330°	3.73	4.17	5.15	7.67
极角为 345°	3.77	4.08	4.44	4.94
极角为 360°	3.78	4.05	4.29	4.53

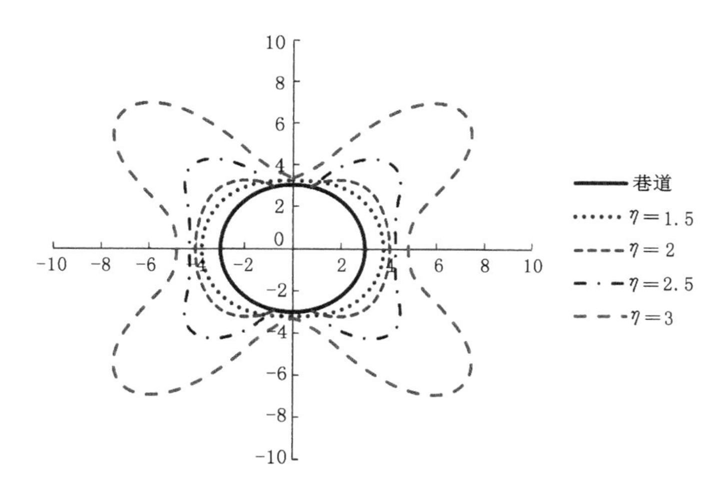

图 4-4　采动应力场下圆形巷道围岩塑性区形态

由表 4-1 数据及塑性区形态图 4-4 可以看出，随着主应力比从 1.5 增加到 3，巷道围岩塑性区最大半径随之增大。在采动应力场条件下，巷道围岩塑性区形态会逐渐由椭圆形扩展到蝶形。当主应力比 η 为 1.5 时，巷道围岩塑性区呈椭圆形形态，最大半径为 3.78 m，产生位置位于巷道的两帮中部($\theta=0°$、180°)，最小半径为 3.22 m，产生位置位于巷道的顶、底板中部($\theta=90°$、270°)；当主应力比增加到 2 时，巷道围岩塑性区呈圆角矩形形态，在四个象限内肩角位置发展明显，最大半径为 4.17 m，产生位置略偏向于巷道两帮($\theta=30°$、150°、210°、330°)，最小半径为 3.31 m，产生位置同样位于巷道的顶、底板中部($\theta=90°$、270°)；当主应力比增加到 2.5 时，巷道围岩塑性区呈蝶形形态，在四个象限内肩角位置继续发展，最大半径为 5.73 m，产生位置为象限内中部($\theta=45°$、135°、225°、315°)，最小半径为 3.43 m，产生位置同样位于巷道的顶、底板中部($\theta=90°$、270°)；当主应力比增加到 3 时，巷道围岩塑性区仍旧呈蝶形形态，在四个象限内肩角位置继续发展，蝶叶扩展尤为明显，最大半径为 8.96 m，产生位置为象限内中部($\theta=45°$、135°、225°、315°)，最小半径为 3.8 m，产生位置同样位于巷道的顶、底板中部($\theta=90°$、270°)。

由图 4-4 可以更直观地看出，在围岩参数一定的情况下，固定 p_1、p_3 中的一个，改变另外一个力而达到改变主应力比的目的，巷道围岩塑性区呈现如下特征：随着主应力比的增大，塑性区最大半径增大，塑性区形态越不规则，对巷道围岩稳定越不利；蝶形塑性区的破坏深度相比其他形状的明显偏大，且不稳定；当塑性区发展为蝶形形态后，塑性区的四个蝶叶尺寸对主应力比的增加表现出较高的敏感性，随着主应力比的增加，蝶叶尺寸增加明显且增大幅度越来越大。在此条件下，主应力比决定巷道围岩塑性区的形态及大小。

为了研究巷道断面形状对围岩塑性区形态的影响规律，并与上述利用巷道围岩塑性区边界方程计算出的圆形巷道围岩塑性区形态进行对比，利用 $FLAC^{3D}$ 软件，选取圆形及留巷所采用的矩形断面巷道为研究对象，采用"等效开挖"的思想[135]将矩形巷道等效成以其对角线为直径的外接圆形巷道进行研究。因此，采用与圆形巷道理论计算相同的围岩及应力条件，研究圆形及矩形断面巷道的塑性区形态特征。

由图 4-5 可以看出，随着主应力比的增加，巷道围岩塑性区的范围逐渐扩大。当主应力比为 1.5 时，矩形巷道围岩塑性区呈现两帮为均匀对称的半圆形，顶、底板明显较小的形态；圆形巷道围岩塑性区同样呈现两帮较大，顶、底板较小的椭圆形分布特征，这与理论计算结果相符。当主应力比为 2 时，矩形巷道两帮塑性区范围继续增加，顶、底板塑性区范围有所减小；圆形巷道围岩塑性区呈现圆角矩形分布特征。当主应力比达到 2.5 时，矩形及圆形巷道围岩塑性区均呈现蝶形分布特征，蝶叶形态基本一致。当主应力比达到 3 时，矩形及圆形巷道围岩塑性区蝶叶继续扩展，两者蝶叶长度相差不大。

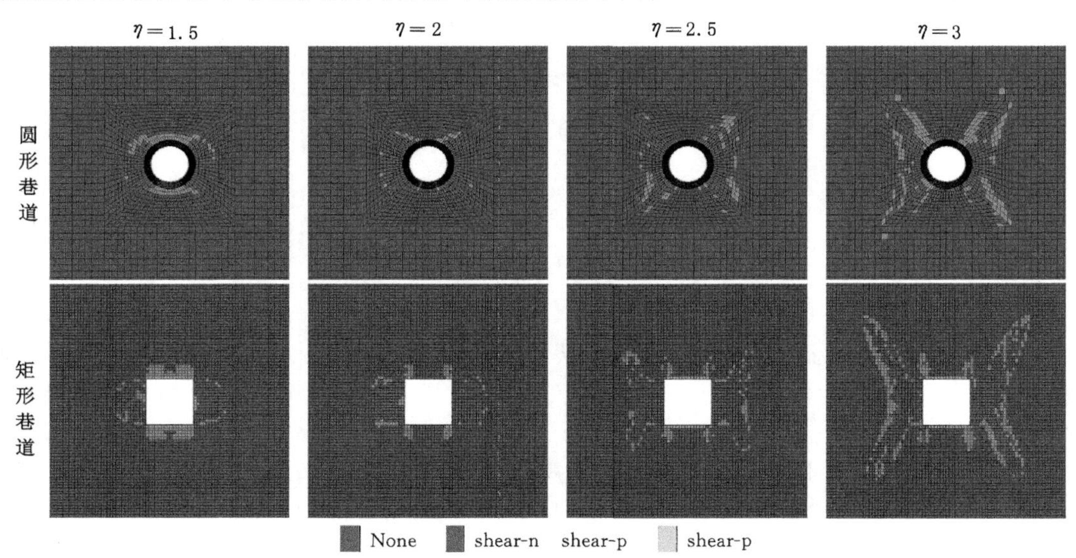

图 4-5　不同主应力比条件下圆形、矩形巷道塑性区形态特征

综合以上分析可以看出，在围岩条件一定的情况下，巷道围岩塑性区形态特征与巷道所受力的非均匀程度有关，当应力达到一定条件时，巷道围岩均会形成蝶形塑性区，而与巷道断面形状关系不大。

4.1.3 采动应力场主应力与塑性破坏范围分析

为了更好地分析采动应力条件下塑性区半径与最大、最小主应力之间的关系，利用式(4-2)及 Origin 作图软件，将围岩参数固定不变($\gamma=25$ kN/m³、$r=2$ m、$C=3$ MPa、$\varphi=25°$)，改变 p_1、p_3，生成曲面(简称 RPP 曲面)如图 4-6 所示。

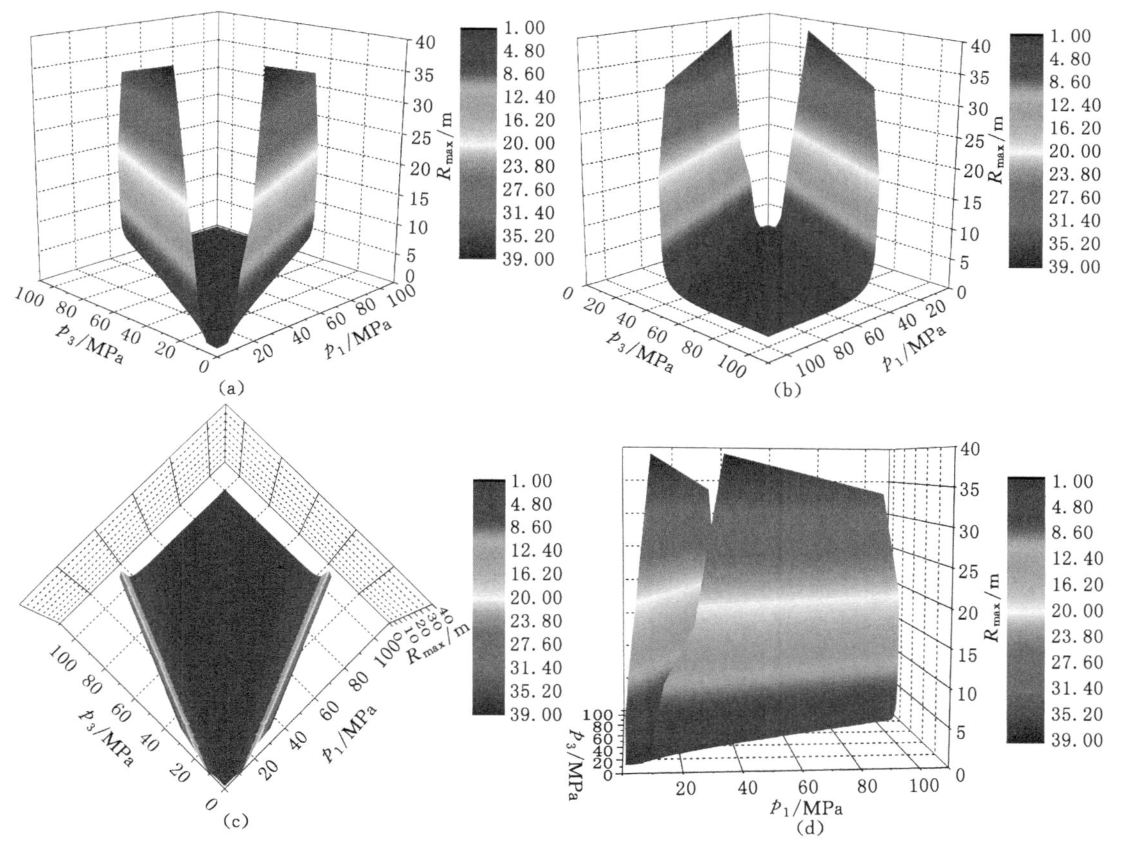

(a) 正对角线图；(b) 反对角线图；(c) 俯视图；(d) 侧视图。

图 4-6 塑性区半径与主应力关系(RPP)曲面

由图 4-6 可以看出，塑性区半径与主应力关系(RPP)曲面具有很好的对称性。从俯视图可以看出，曲面在主应力小的一端较窄，在主应力较大的一端呈现较宽的放射状，以对角线为中性线平分为左右两翼，呈"U"形[136]。由曲面可知：当最大主应力、最小主应力相等($p_1=p_3$)时，塑性区半径正好在中性线上，不发生变化；当最小主应力极小并且固定时，随着最大主应力增加，塑性区半径经过 U 形曲面的右翼逐渐增大；当最小主应力较大并且固定时，随着最大主应力增加，塑性区半径经过 U 形曲面的左翼，先逐渐下降至中性线处的最小值，后经过右翼又逐渐上升；而当最大主应力极小并且固定时，随着最小主应力增加，塑性区半径经过U形曲面的左翼逐渐增大；当最大主应力较大并且固定时，随着最小主应力增加，塑性区半径经过U形曲面的右翼，先逐渐下降至中性线处的最小值，后经过左翼又逐渐上升。通过以上分析可以看出，当巷道处于非均匀应力场中时，应力场的非均匀程度越高，即越远离中性线，围岩塑性区越大、越不稳定。

在采动应力条件下，最大主应力永远大于最小主应力，主应力差一定大于0，主应力比一定大于1。因此，以塑性区半径与主应力关系(RPP)曲面中心线右翼为研究对象进行分析，如图4-7所示。

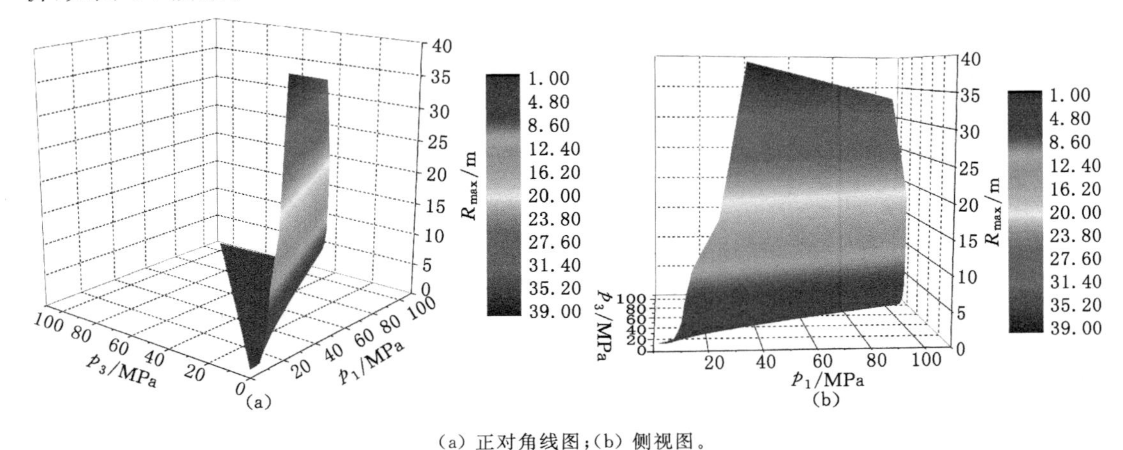

(a) 正对角线图；(b) 侧视图。

图4-7　塑性区半径与主应力关系右翼曲面

由图4-7可知，当最小主应力为固定值时，主应力差($\Delta p = p_1 - p_3$)随着最大主应力的增加而增加，此时塑性区半径随着主应力差的增加而增加。在主应力差一定的情况下，当最小主应力较小时，塑性区半径较小；当最小主应力较大时，塑性区半径较大。

当最小主应力为固定值时，主应力比η随着最大主应力的增加而增加，此时塑性区半径随着的增加而增加。在主应力比一定的情况下，当最小主应力较小时，塑性区半径较小；当最小主应力较大时，塑性区半径较大。因此，采动应力场下巷道围岩塑性区半径，不仅取决于主应力比和主应力差，还取决于最小主应力。

由塑性区半径与主应力关系(RPP)曲面呈U形分布的特征可知，曲面中间到两翼呈现急剧上升的特征，当主应力差、主应力比和最小主应力较大时，塑性区半径较大，在此基础上将最小主应力固定，随着主应力差及主应力比的再次增大，塑性区半径将呈现急剧增大的态势。因此，当最小主应力达到一定值时，随着主应力比、主应力差的增加，塑性区产生恶性扩展。

依据以上理论分析，对22204工作面留巷受采动影响围岩塑性区范围与主应力关系进行分析，在22204工作面推进1 000 m时，以留巷滞后工作面500 m位置与在工作面前方200 m位置的主应力及塑性区范围进行对比分析，如图4-8所示。

由图4-8可知，在滞后22204工作面500 m位置(A点)，最大主应力为15.72 MPa，最小主应力为11.48 MPa，主应力差为4.24 MPa，主应力比为1.37；在22204工作面前方200 m位置(B点)，最大主应力为11.17 MPa，最小主应力为7.58 MPa，主应力差为3.59 MPa，主应力比为1.47。通过A点与B点的对比可以看出，A点主应力比略小于B点

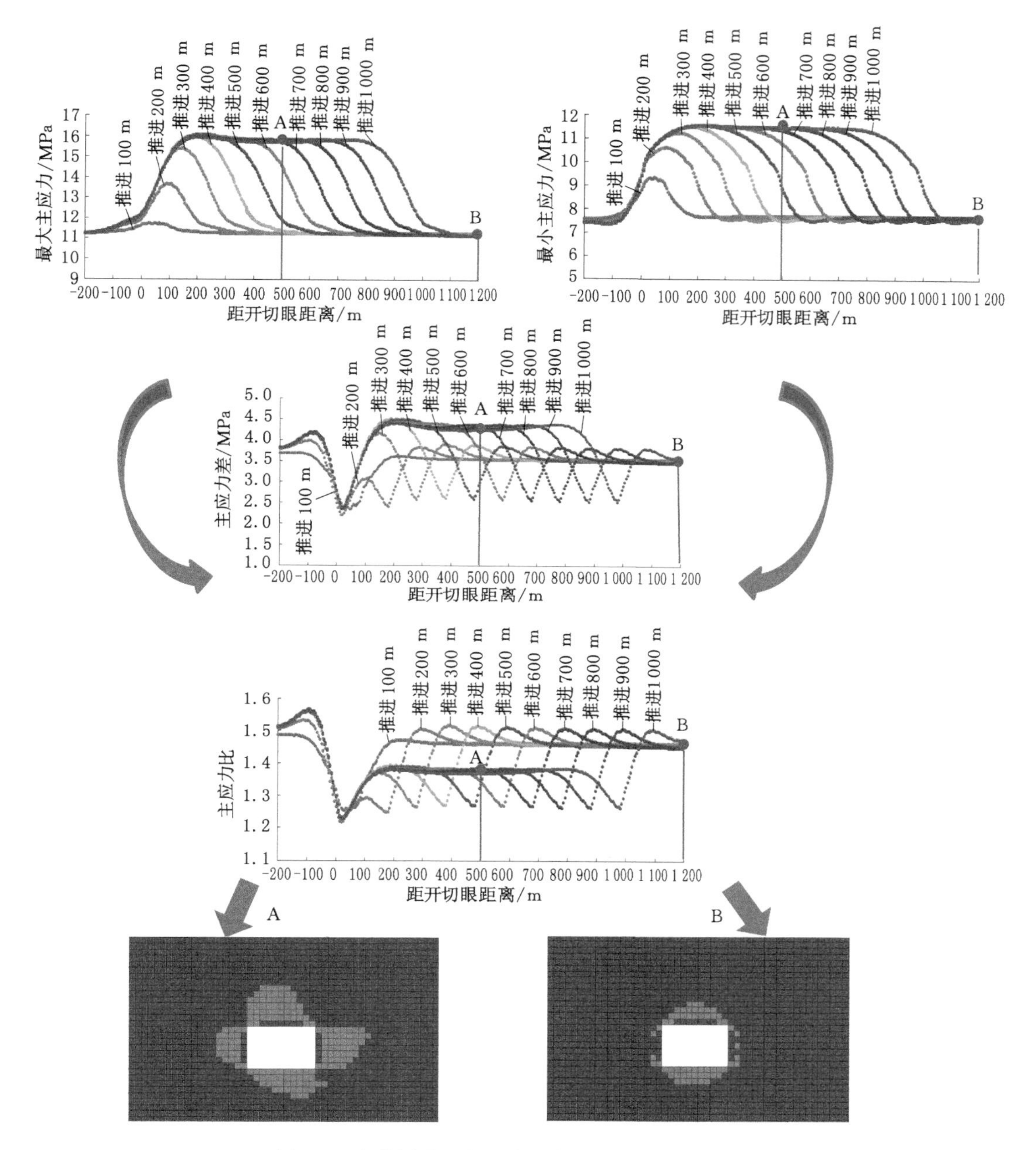

图 4-8 留巷围岩塑性区半径与主应力关系分析图

主应力比，而 A 点主应力差略大于 B 点主应力差，A 点的塑性区范围明显大于 B 点的塑性区范围。通过前面的理论分析可知，虽然 A 点与 B 点的主应力差及主应力比相差不大，但两者的最小主应力是不同的，而且 A 点的最小主应力明显大于 B 点的，故 A 点的塑性区范围明显大于 B 点的塑性区范围。因此，实测结果与理论分析结论相一致，即在两点主应力差及主应力比相差较小的情况下，塑性区范围取决于最小主应力。

4.1.4　巷道围岩塑性区的方向性分析

根据第 2 章的分析，留巷在受采动影响下，围岩主应力大小和方向均发生变化，开采活动引起留巷围岩最大主应力方向与竖直方向的夹角由约 89°减小到约 38°。因此，为了研究采动引起的主应力方向变化对留巷围岩塑性区形态影响情况，利用非均匀应力场条件下圆形巷道围岩塑性区的边界方程(4-2)，在埋深 300 m 条件下，固定最大、最小主应力(因采用蝶形塑性区能够更好地研究主应力方向对塑性区形态影响情况，所以固定主应力比 η 为 3)，以及围岩条件($\gamma=25$ kN/m^3、$r=2$ m、$C=3$ MPa、$\varphi=25°$)，计算得出不同主应力方向情况下圆形巷道围岩塑性区形态特征。利用式(4-2)编制可视化软件绘制巷道围岩塑性区形态图(α 为最大主应力方向与竖直方向的夹角，顺时针为正)，如图 4-9 所示。

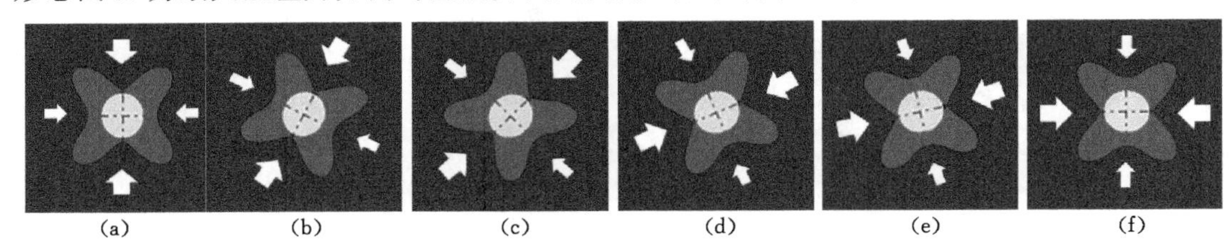

(a) $\alpha=0°$；(b) $\alpha=30°$；(c) $\alpha=45°$；(d) $\alpha=60°$；(e) $\alpha=75°$；(f) $\alpha=90°$。

图 4-9　塑性区随主应力方向旋转示意图

由图 4-9 可以看出，随着主应力方向的旋转，巷道围岩塑性区范围不发生改变，但塑性区方位发生转动。蝶形塑性区蝶叶随主应力方向的变化，旋转相应角度。因蝶形塑性区具有很好的对称性，因此以第一象限蝶叶为研究对象。当最大主应力方向竖直时($\alpha=0°$)，塑性区蝶叶近似倾斜 45°；当最大主应力方向向水平方向偏转时，蝶叶向右帮扩展；当蝶叶偏移角 β 约为 90°时，蝶叶发展至水平方向；随着最大主应力方向的继续旋转，蝶叶向底板扩展；当蝶叶偏移角 β 约为 135°时，蝶叶发展到圆形巷道的右底角。

巷道围岩塑性区会因围岩主应力方向的改变而发生旋转，利用 FLAC^{3D} 软件，选取圆形及矩形断面巷道为研究对象，采用与圆形巷道理论计算相同的围岩及应力条件，研究圆形及矩形断面巷道的塑性区形态特征。图 4-10、图 4-11 为巷道围岩主应力方向偏转 0°～180°(每次偏转 15°)时塑性区分布形态。

由图 4-10 可以看出，随着主应力方向的旋转，巷道围岩塑性区形态没有发生变化，塑性区方位发生偏转，当主应力方向旋转 180°时，塑性区蝶叶也旋转 180°，此时与未发生偏转的塑性区一致。与图 4-9 对比，当主应力方向偏转相同角度时，理论计算与数值模拟结果基本一致，数值模拟可以获得相同的结论。

由图 4-11 可以看出，当矩形巷道围岩主应力方向未发生偏转时，巷道围岩蝶形塑性区的四个蝶叶主要位于巷道四角处围岩中，此时两帮塑性区范围较大，而顶、底板塑性区范围较小。当主应力方向偏转 0°～90°时，巷道围岩塑性区方位也产生明显的偏转，巷道顶、底板塑性区范围逐渐增大，两帮塑性区范围逐渐减小；当主应力方向偏转 90°时，顶、底板塑性区范围达到最大，而两帮达到最小；当主应力方向偏转 90°～180°时，巷道顶、底板塑性区范围逐渐减小，两帮塑性区逐渐增大；当主应力方向偏转 180°时，巷道围岩塑性区与未发生偏转时的一致。当主应力方向偏转 45°和 135°时，塑性区蝶叶位于顶、底板及两帮正中部，此种

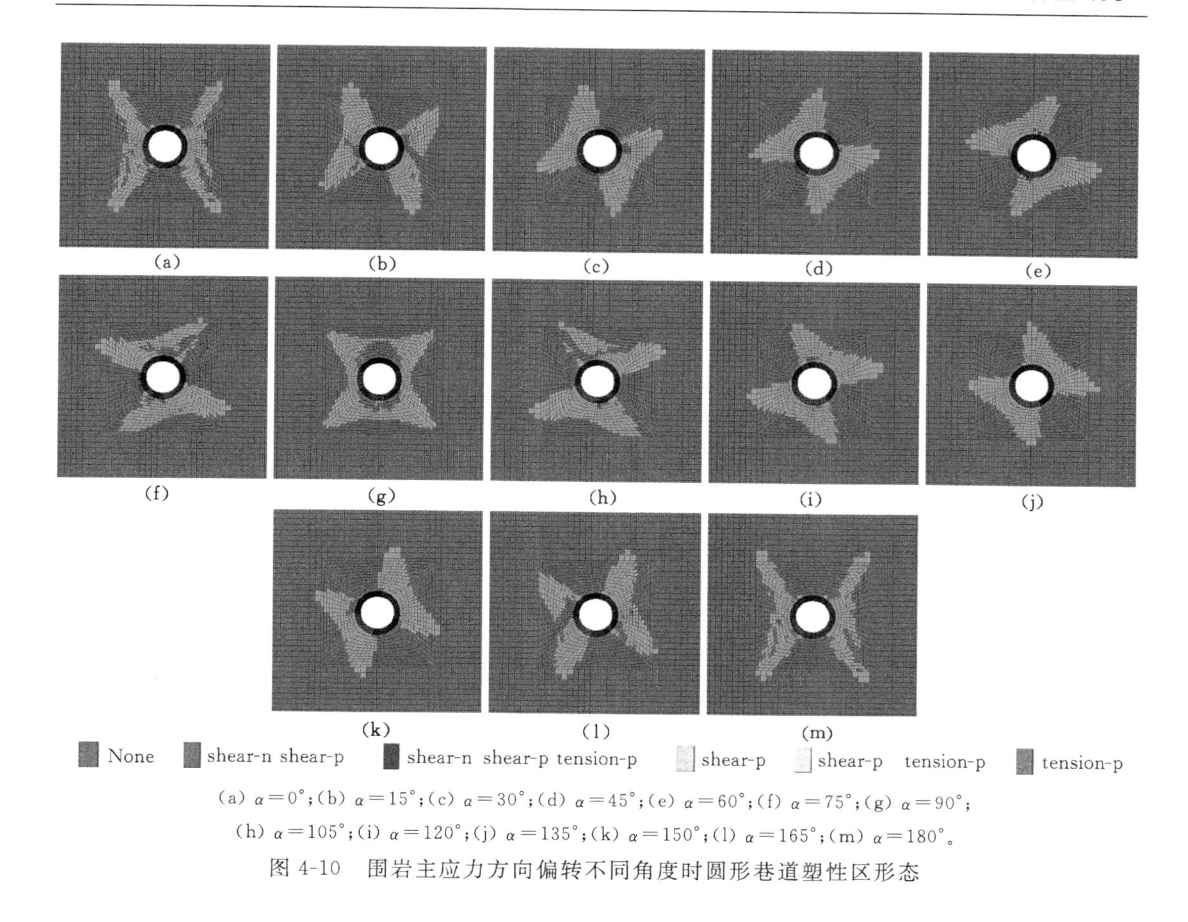

(a) $\alpha=0°$;(b) $\alpha=15°$;(c) $\alpha=30°$;(d) $\alpha=45°$;(e) $\alpha=60°$;(f) $\alpha=75°$;(g) $\alpha=90°$;
(h) $\alpha=105°$;(i) $\alpha=120°$;(j) $\alpha=135°$;(k) $\alpha=150°$;(l) $\alpha=165°$;(m) $\alpha=180°$。

图 4-10 围岩主应力方向偏转不同角度时圆形巷道塑性区形态

状态对巷道的维护极为不利。

综上所述,当围岩主应力方向发生偏转时,巷道围岩塑性区分布形态会随之发生变化,塑性区蝶叶位置具有方向性。

4.1.5 煤柱尺寸对巷道围岩塑性区形态特征的影响

以 22204 工作面推进 1 000 m 为基础,取煤柱宽度分别为 10 m、20 m、30 m,对留巷滞后工作面 500 m 位置的主应力及塑性区形态特征进行对比分析,如图 4-12 所示。

随着煤柱宽度的增加,留巷围岩塑性区范围明显变小;塑性区形态发生明显的改变,由非对称分布逐渐趋于对称分布;塑性区深度明显减小。由 10 m 宽煤柱留巷围岩塑性区可以看出,留巷围岩塑性区呈现明显的非对称分布特征,顶板偏向煤壁帮发展明显,且已发展到煤壁帮上方,煤壁帮偏向底板发展明显,且已经发展到底板中,煤柱帮偏向顶板发展明显,已与采空区顶板侧方塑性区贯通;由 20 m 宽煤柱留巷围岩塑性区可以看出,留巷围岩塑性区虽然呈现非对称分布特征,但发展幅度较小,此时底板偏向煤柱帮发展明显,已发展到煤柱帮下方;30 m 宽煤柱留巷围岩塑性区依旧有非对称扩展的分布特征,但扩展幅度更小。通过对比三种煤柱宽度条件下留巷围岩塑性区深度可知,顶板及两帮塑性区深度随着煤柱宽度的增加逐渐减小,顶板由 5.5 m 逐渐减小到 3 m,煤壁帮由 3.5 m 逐渐减小到 2 m,煤柱帮由 10 m 逐渐减小到 2.5 m;底板塑性区深度则先增大后减小,由 2 m 增大到 2.5 m,后又

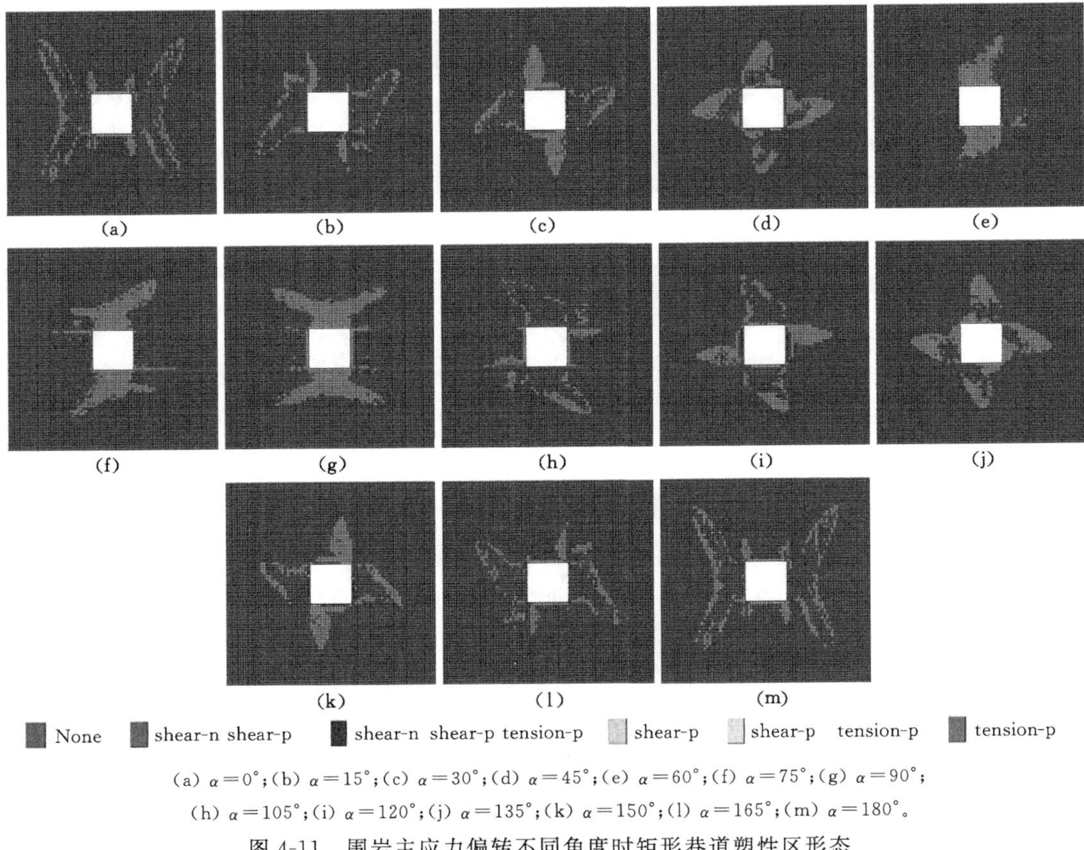

(a) $\alpha=0°$;(b) $\alpha=15°$;(c) $\alpha=30°$;(d) $\alpha=45°$;(e) $\alpha=60°$;(f) $\alpha=75°$;(g) $\alpha=90°$;
(h) $\alpha=105°$;(i) $\alpha=120°$;(j) $\alpha=135°$;(k) $\alpha=150°$;(l) $\alpha=165°$;(m) $\alpha=180°$。

图 4-11 围岩主应力偏转不同角度时矩形巷道塑性区形态

减小到 2 m。

回采巷道围岩破坏取决于采动引起的应力场。结合 22204 工作面采空区侧向围岩主应力大小及方向分布特征,分析巷道围岩变形破坏特征及原因。

由图 4-12 可以看出,受采动影响后,距离采空区不同距离的煤体主应力大小变化明显,而且主应力方向也随着位置不同而发生偏转。在煤柱宽度由 10 m 增加到 30 m 的过程中,留巷围岩最大主应力由 18.5 MPa 逐渐减小到 14 MPa,最小主应力变化量很小,由 11.4 MPa减小到 11.1 MPa,主应力差逐渐减小,由 7.1 MPa 逐渐减小到 2.9 MPa,主应力比也逐渐减小,由 1.62 逐渐减小到 1.26。因此,留巷围岩主应力随着煤柱宽度的增加逐渐减小,塑性区范围也逐渐减小。最大主应力方向与竖直方向的夹角逐渐增加,由 24°增加到 57.5°,顶板塑性区逐渐由靠近煤壁帮向煤柱帮方向扩展。主应力大小和方向的改变,造成巷道围岩塑性区形态特征的变化。

通过上述对不同宽度煤柱条件下留巷围岩塑性区形态、深度和应力场环境的分析可知,留巷煤柱宽度的不同,带来留巷布置位置的改变,留巷布置位置距采空区越远,留巷围岩主应力越小、主应力方向越接近水平,围岩塑性破坏范围及深度越小、塑性区形态越均匀,越有利于巷道维护。

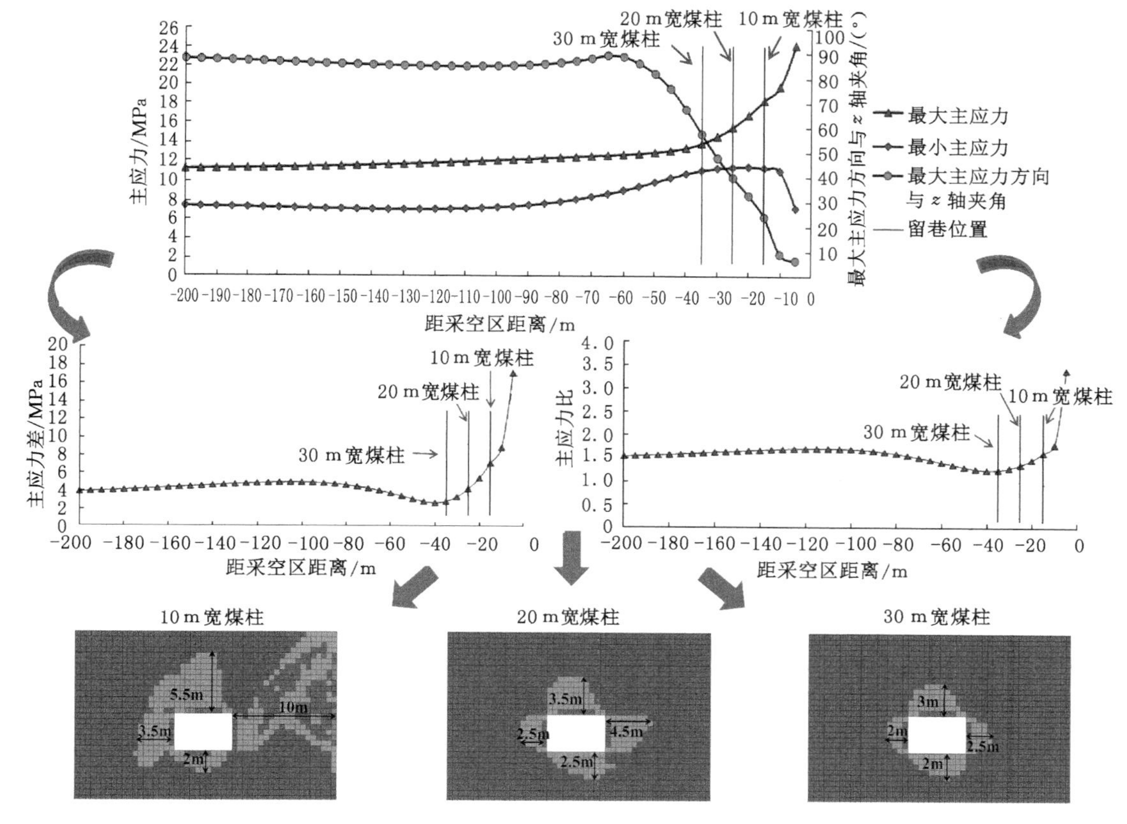

图 4-12 不同煤柱宽度留巷围岩塑性区形态特征分析图

4.2 神东矿区重复采动巷道围岩塑性破坏深度主控因素显著性分析

4.2.1 重复采动巷道围岩塑性破坏深度影响因素

由非均匀应力场条件下圆形巷道围岩塑性区的边界方程(4-2)可以看出，巷道围岩塑性区深度取决于两方面因素：一方面是开采条件，包括区域应力场和巷道半径 r；另一方面是围岩岩性，包括黏聚力 C 和内摩擦角 φ。取采深为 300 m，垂直应力为 7.5 MPa，下面利用式(4-2)详细分析各因素与巷道塑性区半径之间的关系。

(1) 巷道半径

将影响巷道塑性区半径的其他因素固定，通过变化巷道半径得到巷道半径与塑性区半径的关系。当巷道半径从 1 m 到 8 m 以 1 m 间隔变化时，三种不同岩石强度的巷道塑性区半径的变化趋势如图 4-13 所示。

由图 4-13 可知，巷道半径与巷道塑性区半径呈线性正相关关系，即随着巷道半径的增大，巷道塑性区半径线性增大，从式(4-2)也可以看出此关系。巷道塑性区半径与巷道半径

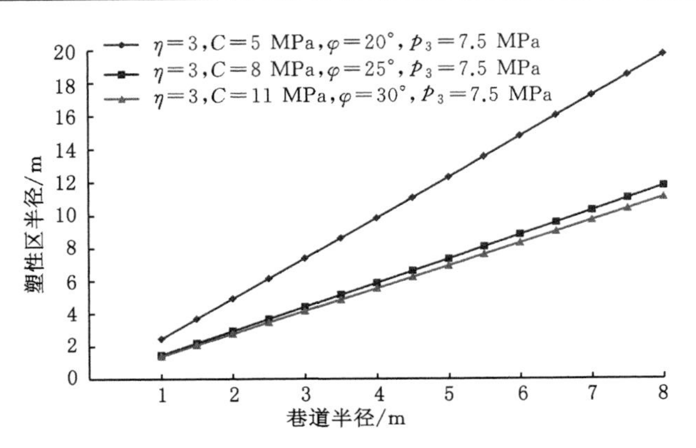

图 4-13　巷道塑性区半径与巷道半径关系

线性关系的直线斜率由岩石岩性决定，当岩石强度较低时，直线斜率较大。

（2）主应力比

将影响巷道塑性区半径的其他因素和 p_3 固定，通过变化 p_1 达到改变主应力比的目的，进而得到主应力比与巷道塑性区半径的关系。当主应力比从 1 到 3.6 以 0.2 间隔变化时，三种不同岩石强度的巷道塑性区半径的变化趋势如图 4-14 所示。

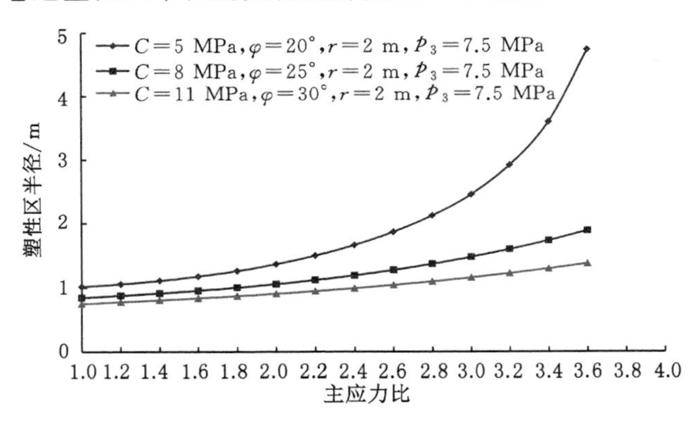

图 4-14　巷道塑性区半径与主应力比关系

由图 4-14 可知，当主应力比较小时，三种岩石强度的巷道塑性区半径都很小且数值相近，主应力比的变化对巷道塑性区半径影响不明显；随着主应力比的增加，巷道塑性区半径逐渐增加，曲线斜率也逐渐增大；当岩石强度低的曲线在主应力比达到 2.6 后，曲线斜率增加幅度较大，巷道塑性区半径随主应力比的增加而迅速增长，可达到巷道半径的数倍；不同岩石强度的巷道塑性区半径与主应力比关系曲线具有相似的变化趋势，只是当岩石强度较大时，达到同样大的巷道塑性区半径时主应力比更大。

（3）围岩黏聚力

围岩黏聚力是围岩岩性的重要参数。将影响巷道塑性区半径的其他因素固定，通过变化围岩黏聚力，得到三种不同主应力比情况下围岩黏聚力与塑性区半径的关系，如图 4-15 所示。

由图 4-15 可知，随着围岩黏聚力的增加，巷道塑性区半径逐渐减小，曲线斜率也逐渐减

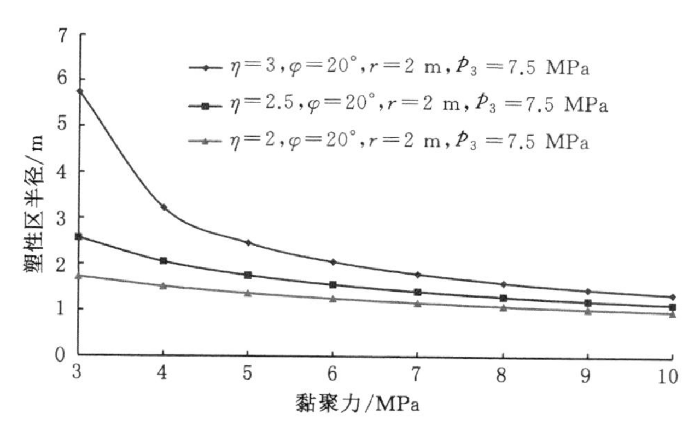

图 4-15　巷道塑性区半径与围岩黏聚力关系

小；当围岩黏聚力无限增大时，巷道塑性区半径变化趋于平缓并逐渐接近巷道半径；当主应力比较大时，巷道塑性区半径减小幅度较大。

(4) 围岩内摩擦角

与围岩黏聚力相似，围岩内摩擦角也是围岩岩性的重要参数。将影响巷道塑性区半径的其他因素固定，通过变化围岩内摩擦角，得到三种不同主应力比情况下围岩内摩擦角与塑性区半径的关系，如图 4-16 所示。

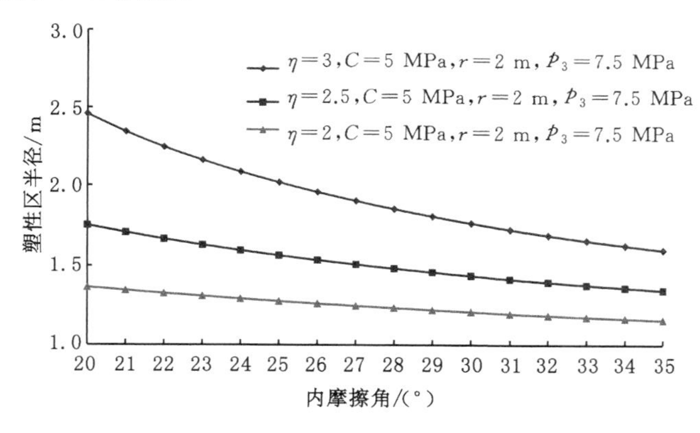

图 4-16　巷道塑性区半径与围岩内摩擦角关系

由图 4-16 可知，随着围岩内摩擦角的增加，巷道塑性区半径逐渐减小，曲线斜率也逐渐减小；当围岩内摩擦角无限增大时，巷道塑性区半径变化趋于平缓。

由理论分析可知，在留巷围岩岩性一定的情况下，留巷塑性破坏深度主要取决于留巷围岩应力和留巷半径。其中，留巷围岩应力主要取决于两方面因素，一方面是初始应力水平，其影响因素主要包括：① 采深，煤层赋存深度直接影响原岩应力的大小；② 煤层倾角，煤层倾角对支承压力峰值和应力集中范围有一定的影响，倾角越大，上、下侧煤柱支承压力峰值位置差异就越大[137]，从而使留巷围岩应力产生变化。另一方面是工作面采动应力，其影响因素主要包括：① 工作面长度，在一定范围内，工作面长度越大，矿压显现强度就越大，支承压力峰值明显增大[138]；② 采高，采高对支承压力峰值、位置和集中系数影响较大；③ 煤柱宽度，巷间煤柱宽度影响煤柱应力峰值大小和位置[139-140]。影响留巷塑性破坏深度的另外一个开采条件是巷道半径，神东矿区留巷断面形状全部为矩形，可根据塑性区“等效开挖”的思想，按矩形巷道外接圆半径进行计算，故将巷道宽度和巷道高度作为影响留巷塑性破坏深度的主控因素。

由理论分析可知，在留巷开采条件一定的情况下，留巷塑性破坏深度主要取决于留巷围岩岩性，根据数值模拟试验所需，从岩石力学参数中选定黏聚力、内摩擦角、抗拉强度、泊松比和弹性模量作为影响留巷塑性破坏深度的主控因素。

4.2.2 重复采动巷道塑性破坏深度主控因素及试验方案确定

为了能够用部分试验来代替全面试验，有效减少计算的工作量，采用正交试验设计方法[141]，利用该试验方法可以显著、直观地分析巷道塑性破坏深度影响因素敏感性。由于神东矿区留巷全部布置在煤层中，可以将巷道两帮与顶、底板分开进行正交试验分析。

(1) 开采条件影响因素及水平值选取

通过对神东矿区13个矿的17个工作面生产条件进行统计分析，挑选出影响留巷塑性破坏深度的主控因素，如表4-2所示。

表 4-2 神东矿区开采条件及留巷情况

矿名	工作面名称	开采煤层	平均采深/m	煤层倾角/(°)	工作面长度/m	平均采高/m	煤柱宽度/m	巷道宽度/m	巷道高度/m	顶板岩性	底板岩性
上湾煤矿	12303	1-2煤	240	1～3	280	4.8	20	5.4	3.8	细粒砂岩	泥岩
活鸡兔煤矿	21306	1-2煤	120	0～5	250	4.3	20	5.5	3.3	粉砂岩	砂质泥岩
乌兰木伦煤矿	61401	1-2煤	123	1～3	300	3.4	15	5.6	3.0	砂质泥岩	砂质泥岩
补连塔煤矿	12412	1-2煤	152	1～3	290	4.5	20	5.5	3.8	粗粒砂岩	细粒砂岩
	22304	2-2煤	190	1～3	300	6.1	18	5.6	4.2	粉砂岩	砂质泥岩
哈拉沟煤矿	22209	2-2煤	90	1～3	320	5.5	20	5.5	3.8	粉砂岩	粉砂岩
柳塔煤矿	20401	2-2煤	130	1～3	280	5.0	25	5.5	3.8	砂质泥岩	砂质泥岩
大柳塔煤矿	22614	2-2煤	120	1～3	210	5.0	20	6.0	4.2	砂质泥岩	粉砂岩
布尔台煤矿	22107-2	2-2煤	320	1～3	300	3.3	25	5.4	3.0	粉砂岩	砂质泥岩
寸草塔二矿	22111-2	2-2煤	315	1～3	240	2.8	20	5.0	2.9	砂质泥岩	粉砂岩
石圪台煤矿	72301	2-2煤	110	1～3	320	3.7	15	5.4	3.6	砂质泥岩	粉砂岩
	31204	3-1煤	140	1～3	350	3.9	15	5.4	3.4	细粒砂岩	细粒砂岩
锦界煤矿	31403	3-1煤	120	0～1	240	3.1	20	5.4	3.0	粉砂岩	泥岩
乌兰木伦煤矿	31408-1	3-1煤	180	0～1	270	4.2	20	5.4	3.6	粉砂岩	泥岩

表 4-2(续)

矿名	工作面名称	开采煤层	平均采深/m	煤层倾角/(°)	工作面长度/m	平均采高/m	煤柱宽度/m	巷道宽度/m	巷道高度/m	顶板岩性	底板岩性
寸草塔一矿	3112	3-1 煤	250	0～5	360	2.9	24	5.4	2.8	粉砂岩	砂质泥岩
榆家梁煤矿	44305	4-3 煤	140	1～3	300	2.0	15	5.5	2.0	泥岩	粉砂岩
布尔台煤矿	42106	4-2 煤	360	1～2	310	6.6	25	6.1	3.8	砂质泥岩	粗粒砂岩

为了保证每组数据的有效性,采用格拉布斯检验法,即利用式(4-3)和式(4-4)进行判断,将异常值找出来并舍去,以确定各因素合理的取值范围。

$$T=\frac{\bar{x}-x_{\min}}{s} \tag{4-3}$$

$$T=\frac{x_{\max}-\bar{x}}{s} \tag{4-4}$$

式中,T 为统计量;$\bar{x}$ 为一组数据的平均值;$x_{\min}$ 为一组数据的最小值;$x_{\max}$ 为一组数据的最大值;s 为标准差。

若计算出的统计量 T 值大于格拉布斯临界值 $T_{a,n}$,则为离群值,应舍去,否则保留。检验水平 a 取 0.05,若该事件发生了,则有 95%的概率断定测值有问题。

对表 4-2 中每组数据进行格拉布斯检验可以得出:采深有效值范围为 90～360 m;工作面长度有效值范围为 210～360 m;采高有效值范围为 2～6.6 m;煤柱宽度有效值范围为 15～25 m;巷道宽度 6.1 m、6.0 m 及 5.0 m 为离群值,应剔除,故其有效值范围为 5.4～5.6 m,因变化范围很小,将巷道宽度取值固定在平均值 5.5 m,不将其作为主控因素考虑;巷道高度2 m为离群值,应剔除,故其有效值范围为 2.8～4.2 m;煤层倾角范围为 0°～5°,且多为 1°～3°,为近水平,故不将煤层倾角作为主控因素。通过对神东矿区开采条件全面分析,得出神东矿区影响留巷塑性破坏深度的主控因素分别为采深、工作面长度、采高、煤柱宽度和巷道高度。

通过对开采条件影响因素的分析,对两帮采用四水平设计方案,结合各因素取值范围等间距均匀设定水平值,结果如表 4-3 所示。

表 4-3 开采条件主控因素水平值选取

水平组数	采深/m	采高/m	煤柱宽度/m	工作面长度/m	巷道高度/m
1	90	2.0	15	210	2.8
2	180	3.5	18	260	3.3
3	270	5.0	21	310	3.8
4	360	6.5	24	360	4.3

(2) 围岩岩性影响因素及水平值选取

根据表 4-2 可知，神东矿区工作面顶、底板岩层岩性主要以细粒砂岩、粗粒砂岩、砂质泥岩、粉砂岩和泥岩为主。通过对神东矿区 6 个矿井的留巷顶、底板岩性参数进行统计分析，从中挑选出围岩岩性影响留巷塑性破坏深度的主控因素，如表 4-4 所示。

表 4-4 神东矿区留巷顶、底板岩性参数

矿名	开采煤层	顶、底板岩性	黏聚力/MPa	内摩擦角/(°)	抗拉强度/MPa	弹性模量/GPa	泊松比
上湾煤矿	1-2 煤	细粒砂岩	15	30	2.5	16.6	0.25
		泥岩	12	36	4.5	6.4	0.24
补连塔煤矿	1-2 煤	粗粒砂岩	12	21	2.9	3.9	0.23
		细粒砂岩	19	35	4.8	8.9	0.25
	2-2 煤	粉砂岩	22	29	6.6	6.8	0.24
		砂质泥岩	20	26	4.2	13.5	0.24
柳塔煤矿	2-2 煤	砂质泥岩	21	22	2.7	4.9	0.26
大柳塔煤矿	2-2 煤	砂质泥岩	24	28	5.0	7.6	0.21
		粉砂岩	24	22	3.6	6.5	0.24
寸草塔二矿	2-2 煤	砂质泥岩	19	26	5.2	7.3	0.22
		粉砂岩	29	31	6.9	14.0	0.27
布尔台煤矿	4-2 煤	砂质泥岩	28	27	6.6	10.6	0.25
		粗粒砂岩	11	36	1.9	6.9	0.27

通过对表 4-4 中每组数据进行格拉布斯检验可以得出各因素取值范围：黏聚力有效值范围为 11～29 MPa；内摩擦角有效值范围为 21°～36°；弹性模量有效值范围为 3.9～14 GPa（16.6 GPa 为离群值）；抗拉强度有效值范围为 1.9～6.9 MPa；泊松比有效值范围为 0.21～0.27，变化范围相对较小，结合正交试验设计，故取中值 0.24，此参数不作为主控因素。通过对神东矿区开采条件全面分析，得出神东矿区影响留巷塑性破坏深度的主控因素分别为黏聚力、内摩擦角、弹性模量和抗拉强度。

同样选取四水平设计方案，水平划分结果如表 4-5 所示。

表 4-5 围岩岩性主控因素水平值选取

水平组数	黏聚力/MPa	内摩擦角/(°)	抗拉强度/MPa	弹性模量/GPa
1	11	21	1.9	3.9
2	17	26	3.5	7.2
3	23	31	5.1	10.5
4	29	36	6.7	14.0

4.2.3 正交试验及显著性分析

为了研究重复采动巷道塑性破坏深度主控因素显著性，采用 FLAC^{3D}软件进行数值模拟分析，以布尔台煤矿 22204 工作面留巷受采动影响模型为基础模型，在模型上部施加垂直载荷模拟不同埋深留巷上覆岩层自重应力，根据试验需要随时调整各影响因素。当模拟工作面开采 1 000 m 时，提取滞后工作面 500 m 位置巷道围岩塑性破坏深度数据。

(1) 两帮塑性破坏深度正交试验及其结果分析

通过对两帮塑性破坏深度影响因素及水平值的分析，采用五因素四水平的正交表 $L_{16}(45)$进行方案设计。根据所选设计方案，需要建立 16 个数值计算模型，分别选取留巷两帮塑性破坏深度作为评价指标，留巷左方为煤柱帮，留巷右方为煤壁帮，正交试验结果如表 4-6所示，模拟试验结果如图 4-17 所示。

表 4-6 留巷两帮塑性破坏深度正交试验结果

试验方案	采深/m	采高/m	煤柱宽度/m	工作面长度/m	巷道高度/m	模拟结果/m		预测结果/m	
						煤柱帮	煤壁帮	煤柱帮	煤壁帮
1	90	2.0	15	210	2.8	0.9	0.9	0.906	0.867
2	90	3.5	18	260	3.3	1.4	1.4	1.415	1.343
3	90	5.0	21	310	3.8	1.7	1.5	1.716	1.399
4	90	6.5	24	360	4.3	3.6	3.1	3.626	2.927
5	180	2.0	18	310	4.3	3.3	2.9	3.307	2.751
6	180	3.5	15	360	3.8	5.2	6.2	5.209	6.072
7	180	5.0	24	210	3.3	1.4	1.3	1.417	1.184
8	180	6.5	21	260	2.8	2.4	2.4	2.425	2.286
9	270	2.0	21	360	3.3	4.8	5.7	4.809	5.575
10	270	3.5	24	310	2.8	4.4	4.9	4.413	4.803
11	270	5.0	15	260	4.3	5.4	6.7	5.414	6.439
12	270	6.5	18	210	3.8	4.1	4.4	4.123	4.157
13	360	2.0	24	260	3.8	3.0	3.2	3.009	2.982
14	360	3.5	21	210	4.3	2.7	2.6	2.711	2.302
15	360	5.0	18	360	2.8	7.1	7.8	7.116	7.658
16	360	6.5	15	310	3.3	7.5	8.3	7.523	8.072

为更好地将试验结果与模型预测结果进行对比，将预测结果加入表 4-6 中。根据正交试验结果，分别采用直观分析和极差分析方法，对留巷两帮塑性破坏深度主控因素显著性进行详细分析。正交试验结果直观分析具有简单直观、计算量小等优点，极差分析结果见表 4-7和表 4-8，趋势见图 4-18 和图 4-19。

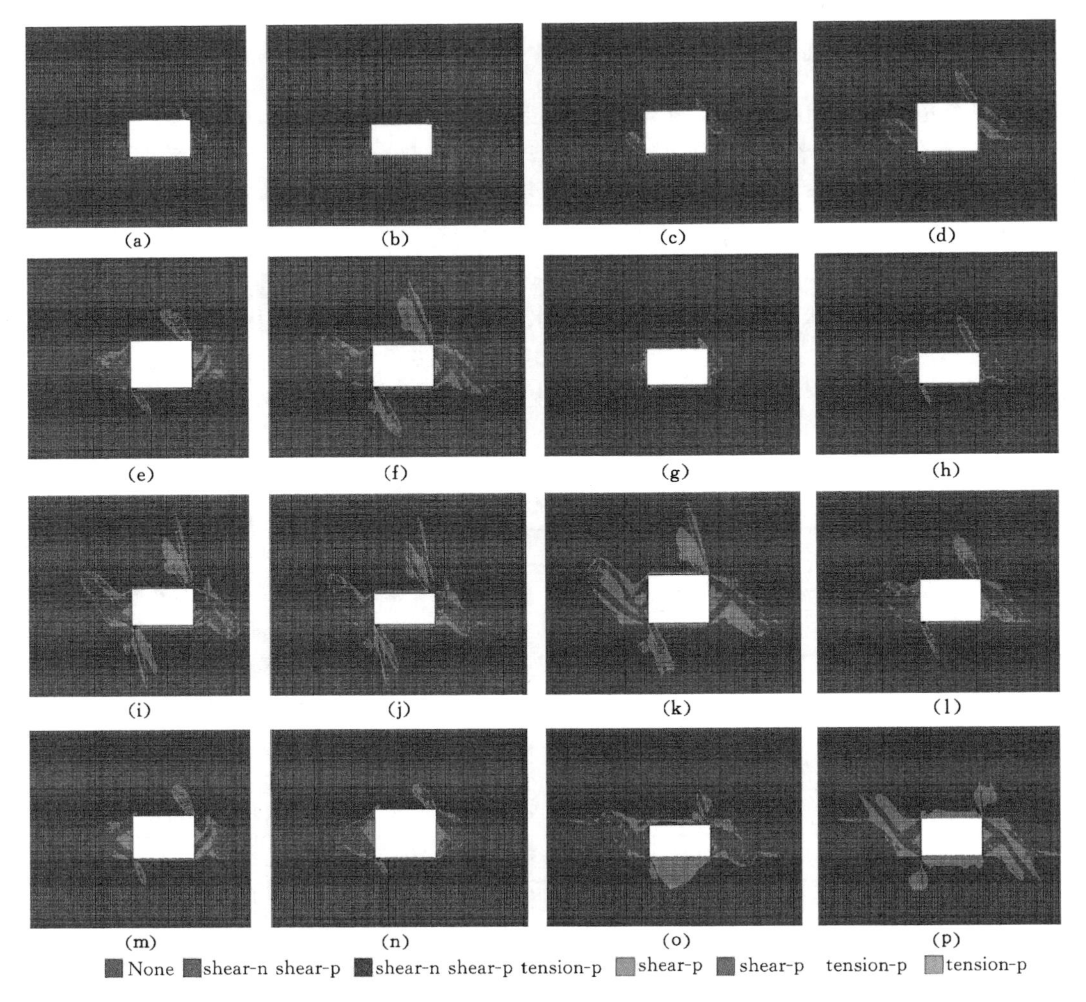

(a) 方案 1;(b) 方案 2;(c) 方案 3;(d) 方案 4;(e) 方案 5;(f) 方案 6;(g) 方案 7;(h) 方案 8;
(i) 方案 9;(j) 方案 10;(k) 方案 11;(l) 方案 12;(m) 方案 13;(n) 方案 14;(o) 方案 15;(p) 方案 16。

图 4-17 留巷两帮塑性破坏深度模拟试验结果

表 4-7 留巷煤柱帮塑性破坏深度主控因素极差分析结果

试验方案	采深/m	采高/m	煤柱宽度/m	工作面长度/m	巷道高度/m
K_1	7.6	12.0	19.0	9.1	14.8
K_2	12.3	13.7	15.9	12.2	15.1
K_3	18.7	15.6	11.6	16.9	14.0
K_4	20.3	17.6	12.4	20.7	15.0
R	12.7	5.6	6.6	11.6	1.1

注:K_i 为各因素同一水平试验指标之和,$i=1,2,3,4$;R 为同因素极差,$R=K_{最大}-K_{最小}$。

表 4-8 留巷煤壁帮塑性破坏深度主控因素极差分析结果

试验方案	采深/m	采高/m	煤柱宽度/m	工作面长度/m	巷道高度/m
K_1	6.9	12.7	22.0	9.2	15.0
K_2	12.8	15.1	15.5	13.9	16.4
K_3	21.7	16.5	12.2	17.3	15.3
K_4	21.9	17.9	12.5	21.8	15.5
R	15.0	5.2	9.8	12.6	1.4

注：K_i 和 R 的含义同表 4-7 中的。

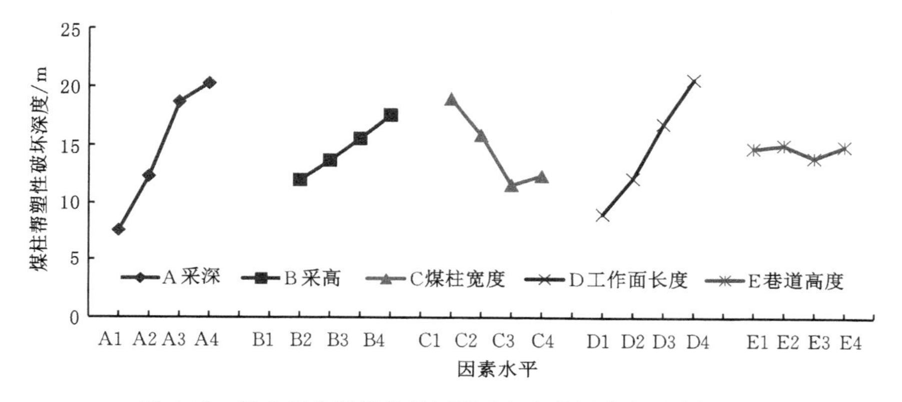

图 4-18 留巷煤柱帮塑性破坏深度与主控因素水平趋势图

由表 4-7 及表 4-8 的极差分析结果可知，留巷两帮塑性破坏深度影响因素主次顺序均为：采深>工作面长度>煤柱宽度>采高>巷道高度。

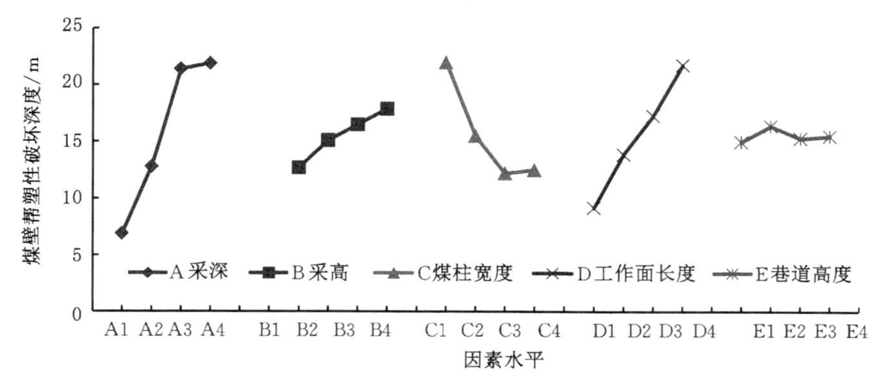

图 4-19 留巷煤壁帮塑性破坏深度与主控因素水平趋势图

比较图 4-18 和图 4-19 所示各因素水平趋势效果可知：随着采深、采高、工作面长度的增加，两帮塑性破坏深度均呈增加趋势；而随着煤柱宽度的增加，两帮塑性破坏深度虽呈整体减小趋势，但当煤柱宽度超过 21 m 以后，影响程度趋于平缓。

正交试验结果方差分析能精准地估计各因素对试验结果影响的重要程度。巷道高度的偏差平方和要比其他因素的偏差平方和小得多，因此将其作为误差项。取显著性水平 $a=0.01$和 $a=0.05$ 进行显著性判断。方差分析结果见表 4-9 和表 4-10。

表 4-9　留巷煤柱帮塑性破坏深度主控因素方差分析结果

方差来源	偏差平方和	自由度	F 值	临界值	显著性
采深	25.881 875	3	138.5	$F_{0.01}(3,3)=29.457$ $F_{0.05}(3,3)=9.28$	※※
采高	4.376 875	3	23.4		※
煤柱宽度	8.706 875	3	46.6		※※
工作面长度	19.611 875	3	104.9		※※
误差 e	0.186 875	3			

表 4-10　留巷煤壁帮塑性破坏深度主控因素方差分析结果

方差来源	偏差平方和	自由度	F 值	临界值	显著性
采深	40.056 875	3	118.9	$F_{0.01}(3,3)=29.457$ $F_{0.05}(3,3)=9.28$	※※
采高	4.526 875	3	13.4		※
煤柱宽度	16.006 875	3	47.5		※※
工作面长度	25.051 875	3	74.4		※※
误差 e	0.336 875	3			

当统计量 F 值大于临界值 $F_{0.01}$ 时，说明该因素高度显著，以※※表示；当 F 值小于 $F_{0.01}$，而大于 $F_{0.05}$ 时，说明该因素显著，以※表示；当 F 值小于 $F_{0.05}$ 时，说明该因素不显著。

由显著性分析结果可知：采深、采高、煤柱宽度和工作面长度对两帮塑性区影响程度均达到显著水平，其中，采深、煤柱宽度和工作面长度对两帮塑性区影响程度达到高度显著水平。

(2) 顶、底板塑性破坏深度正交试验及其结果分析

通过对留巷顶、底板塑性破坏深度影响因素及水平值的分析，采用九因素四水平的正交表 $L_{32}(49)$进行方案设计，见表 4-11。根据所选设计方案，需要建立 32 个数值计算模型，分别选取留巷顶、底板塑性破坏深度作为评价指标。

表 4-11　留巷顶、底板塑性破坏深度正交试验结果

试验方案	采深/m	采高/m	煤柱宽度/m	工作面长度/m	巷道高度/m	黏聚力/MPa	内摩擦角/(°)	抗拉强度/MPa	弹性模量/GPa	模拟结果/m		预测结果/m	
										顶板	底板	顶板	底板
1	90	2.0	15	210	2.8	11	21	1.9	3.9	1.0	1.0	1.004	0.995
2	90	3.5	18	260	3.3	17	26	3.5	7.2	0.4	0.4	0.410	0.405
3	90	5.0	21	310	3.8	23	31	5.1	10.5	0.1	0.1	0.122	0.110
4	90	6.5	24	360	4.3	29	36	6.7	14.0	0	0	0.043	0.012

表 4-11(续)

试验方案	采深/m	采高/m	煤柱宽度/m	工作面长度/m	巷道高度/m	黏聚力/MPa	内摩擦角/(°)	抗拉强度/MPa	弹性模量/GPa	模拟结果/m		模型结果/m	
										顶板	底板	顶板	底板
5	180	2.0	15	260	3.3	23	31	6.7	14.0	0.4	0.4	0.433	0.409
6	180	3.5	18	210	2.8	29	36	5.1	10.5	0	0	0.025	0.005
7	180	5.0	21	360	4.3	11	21	3.5	7.2	9.4	7.8	9.405	7.807
8	180	6.5	24	310	3.8	17	26	1.9	3.9	2.7	3.0	2.705	2.982
9	270	2.0	18	310	4.3	11	26	5.1	14.0	6.4	6.4	6.426	6.417
10	270	3.5	15	360	3.8	17	21	6.7	10.5	10.5	8.8	10.503	8.815
11	270	5.0	24	210	3.3	23	36	1.9	7.2	0.1	0.1	0.117	0.096
12	270	6.5	21	260	2.8	29	31	3.5	3.9	0.2	0.2	0.204	0.183
13	360	2.0	18	360	3.8	23	36	3.5	3.9	3.7	3.6	3.699	3.608
14	360	3.5	15	310	4.3	29	31	1.9	7.2	3.5	3.9	3.506	3.913
15	360	5.0	24	260	2.8	11	26	6.7	10.5	5.4	5.6	5.412	5.597
16	360	6.5	21	210	3.3	17	21	5.1	14.0	5.4	5.9	5.423	5.887
17	90	2.0	24	210	4.3	17	31	3.5	10.5	0.1	0.1	0.123	0.104
18	90	3.5	21	260	3.8	11	36	1.9	14.0	0.2	0.2	0.249	0.212
19	90	5.0	18	310	3.3	29	21	6.7	3.9	0.4	0.4	0.399	0.395
20	90	6.5	15	360	2.8	23	26	5.1	7.2	4.7	4.9	4.709	4.895
21	180	2.0	24	260	3.8	29	21	5.1	7.2	0.3	0.3	0.305	0.304
22	180	3.5	21	210	4.3	23	26	6.7	3.9	0.3	0.3	0.294	0.293
23	180	5.0	18	360	2.8	17	31	1.9	14.0	5.2	5.4	5.244	5.424
24	180	6.5	15	310	3.3	11	36	3.5	10.5	5.5	7.0	5.526	6.996
25	270	2.0	21	310	2.8	17	36	6.7	7.2	2.2	2.2	2.207	2.202
26	270	3.5	24	360	3.3	11	31	5.1	3.9	4.4	4.9	4.401	4.901
27	270	5.0	15	210	3.8	29	26	3.5	14.0	2.5	0.4	2.529	0.405
28	270	6.5	18	260	4.3	23	21	1.9	10.5	6.9	6.8	6.913	6.791
29	360	2.0	21	360	3.3	29	26	1.9	10.5	5.1	5.6	5.120	5.623
30	360	3.5	24	310	2.8	23	21	3.5	14.0	5.2	6.2	5.229	6.218
31	360	5.0	15	260	4.3	17	36	5.1	3.9	3.1	3.2	3.092	3.199
32	360	6.5	18	210	3.8	11	31	6.7	7.2	4.6	4.6	4.598	4.583

根据表 4-11 的正交试验结果，分别采用直观分析和极差分析方法，对留巷顶、底板塑性破坏深度主控因素显著性进行详细分析。极差分析结果见表 4-12 和表 4-13，趋势见图 4-20 和图 4-21。

表 4-12　留巷顶板塑性破坏深度主控因素极差分析结果

试验方案	采深/m	采高/m	煤柱宽度/m	工作面长度/m	巷道高度/m	黏聚力/MPa	内摩擦角/(°)	抗拉强度/MPa	弹性模量/GPa
K_1	6.9	19.2	31.2	14.0	23.9	36.9	39.1	24.7	15.8
K_2	23.8	24.5	27.6	16.9	21.7	29.6	27.5	27.0	25.2
K_3	33.2	26.2	22.9	26.0	24.6	21.4	18.5	24.4	33.6
K_4	36.0	30.0	18.2	43.0	29.7	12.0	14.8	23.8	25.3
R	29.1	10.8	13.0	29.0	8.0	24.9	24.3	3.2	17.8

注：K_i 和 R 的含义同表 4-7 中的。

表 4-13　留巷底板塑性破坏深度主控因素极差分析结果

试验方案	采深/m	采高/m	煤柱宽度/m	工作面长度/m	巷道高度/m	黏聚力/MPa	内摩擦角/(°)	抗拉强度/MPa	弹性模量/GPa
K_1	7.1	19.6	29.6	12.4	25.5	37.5	37.2	26.0	16.6
K_2	24.2	24.7	27.6	17.1	24.7	29.0	26.6	25.7	24.2
K_3	29.8	23.0	22.3	29.2	21.0	22.4	19.6	25.7	34.0
K_4	38.6	32.4	20.2	41.0	28.5	10.8	16.3	22.3	24.9
R	31.5	12.8	9.4	28.6	3.8	26.7	20.9	3.7	17.4

注：K_i 和 R 的含义同表 4-7 中的。

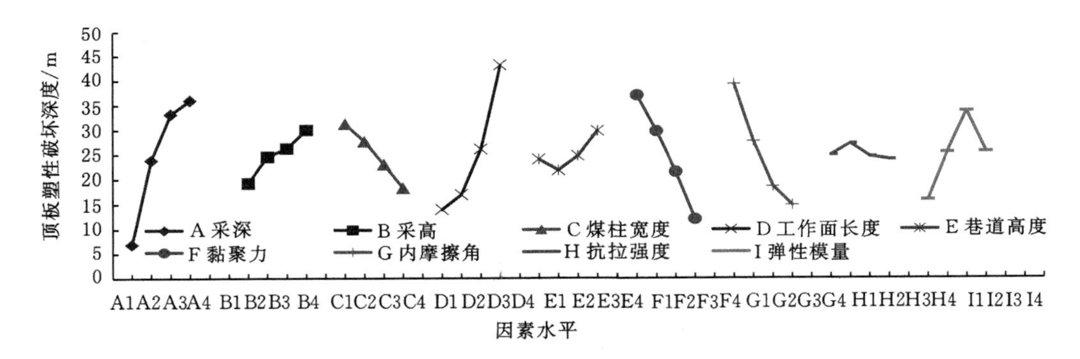

图 4-20　留巷顶板塑性破坏深度与主控因素水平趋势图

通过表 4-12 及表 4-13 的极差分析结果可知，留巷顶板塑性破坏深度影响因素主次顺序为：采深＞工作面长度＞黏聚力＞内摩擦角＞弹性模量＞煤柱宽度＞采高＞巷道高度＞抗拉强度；留巷底板塑性破坏深度影响因素主次顺序为：采深＞工作面长度＞黏聚力＞内摩擦角＞弹性模量＞采高＞煤柱宽度＞巷道高度＞抗拉强度。从中可以发现，留巷顶板与底板塑性破坏深度影响因素主次顺序基本相同，区别仅为，顶板影响因素中煤柱宽度的影响程度要高于采高，而底板影响因素中两者的影响程度刚好相反。

比较图 4-20 和图 4-21 所示各因素水平趋势效果可知：随着采深、采高和工作面长度的

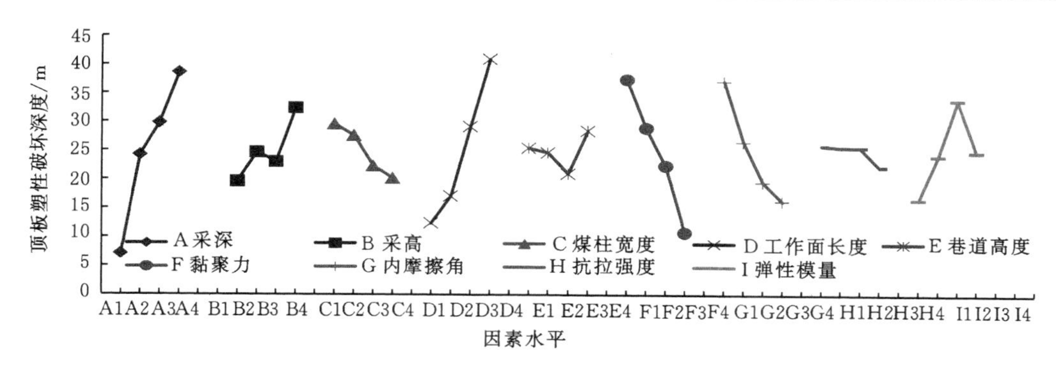

图 4-21　留巷底板塑性破坏深度与主控因素水平趋势图

增加，顶、底板塑性破坏深度均呈增加趋势；随着黏聚力、内摩擦角和煤柱宽度的增加，顶、底板塑性破坏深度均呈降低趋势；而随着巷道宽度、抗拉强度和弹性模量的增加，顶、底板塑性破坏深度呈现波动趋势。

对留巷顶、底板塑性破坏深度正交试验结果进行方差分析，取抗拉强度作为误差项，进行各水平因素显著性检验。方差分析结果见表 4-14 和表 4-15。

表 4-14　留巷顶板塑性破坏深度主控因素方差分析结果

方差来源	偏差平方和	自由度	F 值	临界值	显著性
采深	21.553	3	87.9	$F_{0.01}(3,7)=8.45$ $F_{0.05}(3,7)=4.35$	※※
采高	2.513	3	10.2		※※
煤柱宽度	3.993	3	16.3		※※
工作面长度	21.316	3	86.9		※※
巷道高度	1.431	3	5.8		※
黏聚力	14.363	3	58.6		※※
内摩擦角	14.639	3	59.7		※※
弹性模量	6.613	3	26.9		※※
误差 e	0.245	7			

表 4-15　留巷底板塑性破坏深度主控因素方差分析结果

方差来源	偏差平方和	自由度	F 值	临界值	显著性
采深	22.042	3	57.2	$F_{0.01}(3,7)=8.45$ $F_{0.05}(3,7)=4.35$	※※
采高	3.666	3	9.5		※※
煤柱宽度	2.426	3	6.3		※
工作面长度	20.616	3	53.5		※※
巷道高度	1.190	3	3.1		
黏聚力	15.859	3	41.2		※※

表 4-15(续)

方差来源	偏差平方和	自由度	F 值	临界值	显著性
内摩擦角	10.676	3	27.7	$F_{0.01}(3,7)=8.45$ $F_{0.05}(3,7)=4.35$	※※
弹性模量	6.341	3	16.5		※※
误差 e	0.385	7			

留巷顶板塑性破坏深度影响因素显著性分析结果为:采深、采高、煤柱宽度、工作面长度、黏聚力、内摩擦角和弹性模量均达到高度显著水平;巷道高度达到显著水平;抗拉强度为不显著因素。留巷底板塑性破坏深度影响因素显著性分析结果为:采深、采高、工作面长度、黏聚力、内摩擦角和弹性模量均达到高度显著水平;煤柱宽度达到显著水平;而巷道高度和抗拉强度为不显著因素。通过对比分析可知:煤柱宽度和巷道高度两因素对顶板的影响程度要高于对底板的影响程度。

对留巷塑性破坏深度影响因素的显著性分析,可为留巷矿山压力控制提供参考。例如,若某留巷两帮破坏严重,则可以根据对两帮破坏趋势的分析逐次调整开采条件,对呈现高度显著的因素进行重点调整。

4.2.4 重复采动巷道塑性破坏模型建立

在正交试验数据的基础上,对影响留巷塑性破坏深度的各因素进行相关性分析,结果表明各因素之间的关系并不是线性的。采用多元非线性回归分析方法,经过多项式回归模型逐次试算,利用 SPSS 统计分析软件分别建立了两帮和顶、底板塑性破坏深度与各影响因素关系的五元四次多项式回归模型和九元四次多项式回归模型:

$$\boldsymbol{Y}=\boldsymbol{\beta}^{\mathrm{T}}\boldsymbol{X} \tag{4-5}$$

$$\boldsymbol{Y}_{两帮},\boldsymbol{\beta}_{两帮},\boldsymbol{X}_{两帮}\sim\begin{bmatrix} y_{煤柱帮} \\ y_{煤壁帮} \end{bmatrix}\begin{bmatrix} 3.382 & 4.766 \\ 3.196 & 3.893 \\ -0.541 & -0.725\,7 \\ -0.556 & -0.64 \\ 2.72\times10^{-4} & 0.001 \\ -2.592\times10^{-10} & -3.296\times10^{-10} \\ 4.45\times10^{-3} & 4.4\times10^{-3} \\ 9.61\times10^{-6} & 1.126\times10^{-5} \\ -2.468\times10^{-11} & -1.445\times10^{-10} \\ 5.3\times10^{-4} & -0.012 \\ 5.034\times10^{-7} & 1.49\times10^{-7} \\ 3.543\,6\times10^{-8} & 2.137\times10^{-8} \\ 3.879\times10^{-10} & 5.134\times10^{-10} \\ -1.337\times10^{-5} & 2\times10^{-3} \\ 2.848\times10^{-8} & 4.805\times10^{-8} \\ 7.304\times10^{-7} & 1.991\times10^{-6} \end{bmatrix}\begin{bmatrix} 1 \\ x_2 \\ x_3 \\ x_2^2 \\ x_5^2x_1 \\ x_1^4 \\ x_2^4 \\ x_3^4 \\ x_4^4 \\ x_5^4 \\ x_1^2x_2^2 \\ x_1^2x_3^2 \\ x_1^2x_4^2 \\ x_2^2x_5^2 \\ x_3^2x_4^2 \\ x_4^2x_5^2 \end{bmatrix}$$

$$
\boldsymbol{Y}_{顶、底板}, \boldsymbol{\beta}_{顶、底板}, \boldsymbol{X}_{顶、底板} \sim \begin{bmatrix} y_{顶板} \\ y_{底板} \end{bmatrix} \begin{bmatrix}
6.374 & 8.61 \\
-1.456 & -0.847 \\
-0.75 & -1.111 \\
2.9\times10^{-3} & -3.054\times10^{-4} \\
1.56\times10^{-2} & 1.28\times10^{-4} \\
3.481\times10^{-5} & 6.541\times10^{-5} \\
0.759 & 0.942 \\
5.629\times10^{-5} & 8.878\times10^{-5} \\
2.091\times10^{-6} & 1.624\times10^{-6} \\
-1.543\times10^{-5} & -3.653\times10^{-5} \\
-2\times10^{-4} & -6.75\times10^{-4} \\
-2.6\times10^{-10} & 1.243\times10^{-10} \\
-1.234\times10^{-4} & 2.1\times10^{-3} \\
-1.439\times10^{-6} & 1.956\times10^{-6} \\
4.157\times10^{-7} & 2.241\times10^{-6} \\
2.65\times10^{-3} & -3.63\times10^{-3} \\
-7.022\times10^{-5} & -2.904\times10^{-5} \\
9.84\times10^{-7} & 1.75\times10^{-6} \\
-1.539\times10^{-8} & -1.088\times10^{-7} \\
1.042\times10^{-7} & 1.623\times10^{-7} \\
7.556\times10^{-7} & 1.202\times10^{-7} \\
-4.56\times10^{-4} & -1.2\times10^{-2} \\
-2.5\times10^{-5} & -6.629\times10^{-5} \\
5.376\times10^{-5} & 1.234\times10^{-4} \\
4.997\times10^{-4} & 3.36\times10^{-3} \\
3.83\times10^{-4} & 2.76\times10^{-4} \\
-5.38\times10^{-4} & -3.57\times10^{-4} \\
-1.099\times10^{-2} & -9.54\times10^{-3} \\
5.831\times10^{-6} & 7.345\times10^{-6} \\
2.066\times10^{-5} & 2.637\times10^{-5} \\
-9.938\times10^{-5} & 3.767\times10^{-6} \\
-5.254\times10^{-4} & -7.556\times10^{-4}
\end{bmatrix} \begin{bmatrix}
1 \\ x_2 \\ x_3 \\ x_1x_8 \\ x_6x_8 \\ x_4^2 \\ x_5^2 \\ x_3^2x_1 \\ x_4^2x_9 \\ x_7^2x_1 \\ x_9^2x_7 \\ x_1^4 \\ x_2^4 \\ x_6^4 \\ x_7^4 \\ x_8^4 \\ x_9^4 \\ x_1^2x_2^2 \\ x_1^2x_6^2 \\ x_1^2x_9^2 \\ x_2^2x_4^2 \\ x_2^2x_5^2 \\ x_2^2x_6^2 \\ x_2^2x_7^2 \\ x_2^2x_8^2 \\ x_2^2x_9^2 \\ x_5^2x_6^2 \\ x_5^2x_8^2 \\ x_6^2x_7^2 \\ x_6^2x_9^2 \\ x_7^2x_8^2 \\ x_8^2x_9^2
\end{bmatrix}
$$

式中，$\boldsymbol{Y}$ 为因变量，表征塑性破坏深度；$\boldsymbol{X}$ 为自变量，表征塑性破坏深度的各影响因素；$\boldsymbol{\beta}^{\mathrm{T}}$ 为回归模型系数；x_1 为采深，m；x_2 为采高，m；x_3 为煤柱宽度，m；x_4 为工作面长度，m；x_5 为巷道高度，m；x_6 为黏聚力，MPa；x_7 为内摩擦角，(°)；x_8 为抗拉强度，MPa；x_9 为弹性模量，GPa。

对该非线性回归方程进行可信度检验，计算所得拟合优度 R^2 值均为 0.999，该统计量值十分接近 1，同时结合表 4-6 及表 4-11 正交试验结果与预测结果对比情况，说明预测模型可信度高、拟合程度很好。综上所述，该预测模型具有统计学意义，所得到的回归方程可为后期重复采动巷道塑性破坏深度预测及稳定控制提供参考依据。

根据正交试验结果获得塑性破坏深度与各影响因素关系的五元四次和九元四次多项式回归模型的回归方程，利用 VB 进行编程，开发重复采动巷道围岩塑性破坏深度预测系统软件，以便于操作和使用，更可为现场技术人员使用提供方便。

该软件无须安装，只需要双击软件图标，打开巷道塑性破坏深度预测系统软件后，将出现如图 4-22 所示的塑性破坏深度预测系统主界面，点击【进入系统】即可进入指标样本输入模块、运行模块和计算模块。

图 4-22　塑性破坏深度预测系统主界面

该软件操作界面简单，进入系统界面以后，出现第一个界面，即煤柱帮塑性破坏深度计算界面，如图 4-23 所示。只需要对开采深度（采深）、开采高度（采高）、煤柱宽度、工作面长度及巷道高度赋值，点击【计算】按钮，就可以计算出煤柱帮塑性破坏深度，计算完成后点击

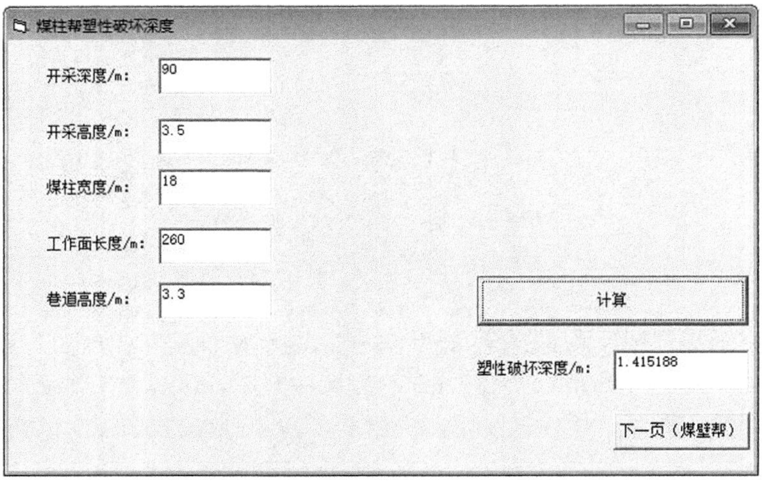

图 4-23　煤柱帮塑性破坏深度计算界面

【下一页(煤壁帮)】,就可以进入煤壁帮塑性破坏深度计算界面。

进入煤壁帮塑性破坏深度计算界面(图 4-24)以后,与煤柱帮操作相同,输入参数后点击【计算】按钮,就可以计算出煤壁帮塑性破坏深度,计算完成后点击【下一页(顶板)】按钮,就可以进入顶板塑性破坏深度计算界面。如果想修改煤柱帮塑性破坏深度影响因素,点击【上一页(煤柱帮)】按钮就可返回。

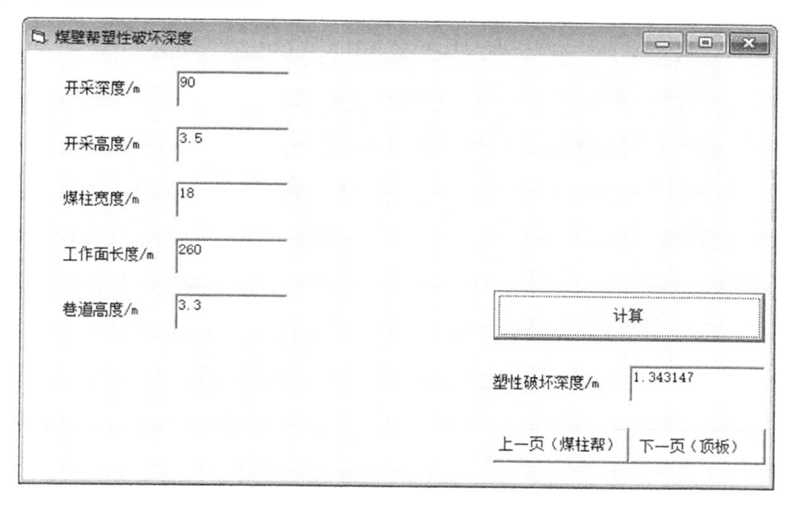

图 4-24 煤壁帮塑性破坏深度计算界面

顶、底板塑性破坏深度计算操作与两帮塑性破坏深度的相同,如图 4-25 和图4-26所示。

顶板塑性破坏深度

开采深度/m: 90　抗拉强度/MPa: 1.9
开采高度/m: 2　弹性模量/GPa: 3.9
煤柱宽度/m: 15
工作面长度/m: 210
巷道高度/m: 2.8
粘聚力/MPa: 11
内摩擦角/(°): 21
计算
塑性破坏深度/m: 1.00443
上一页(煤壁帮)　下一页(底板)

图 4-25 顶板塑性破坏深度计算界面

基于正交试验对神东矿区重复采动巷道塑性破坏深度主控因素的显著性分析,获得塑性破坏深度预测模型,并开发塑性破坏深度预测系统软件,可为神东矿区重复采动巷道支护参数优化及巷道围岩控制方法确立提供重要支撑。

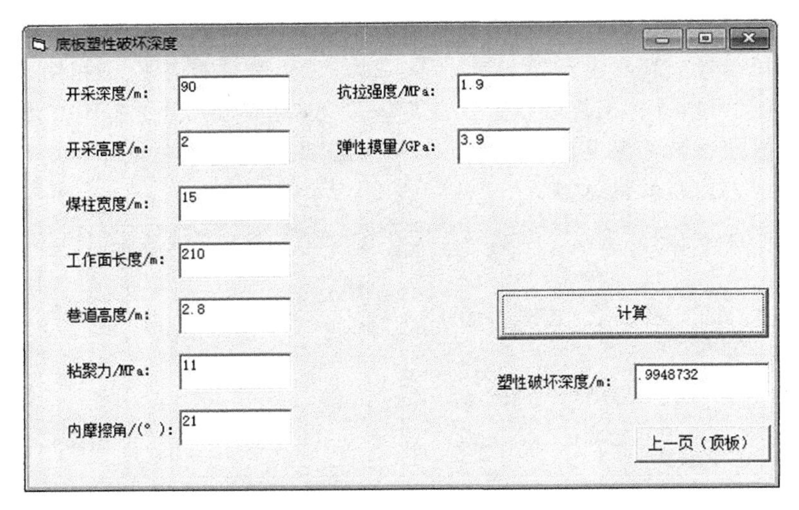

图 4-26　底板塑性破坏深度计算界面

5 重复采动巷道围岩控制及现场工程试验

前文研究了应力环境对重复采动巷道围岩塑性区形态特征的作用机制，本章进一步研究支护强度对围岩塑性区形态的影响，在此基础上，提出针对神东矿区重复采动巷道切实可行的差异化围岩控制方法。针对巷道围岩变形破坏严重区域，采取“先控再让后支”的支护理念，以防冒顶、片帮为根本目的，提出补强支护技术体系，并对补强支护时间及位置进行研究。此支护技术体系能够有效控制已破碎围岩垮落及冒顶事故，从而保证安全生产。

5.1 重复采动巷道支护技术参数

22205 工作面回风巷道顶板采用“左旋无纵筋螺纹钢锚杆＋钢筋网＋锚索＋Π 型钢带”联合支护，煤壁帮采用“玻璃钢锚杆＋木托板＋塑料网”联合支护，煤柱帮采用“螺纹钢锚杆＋木托盘＋铅丝网”联合支护，具体参数如图 5-1 所示。

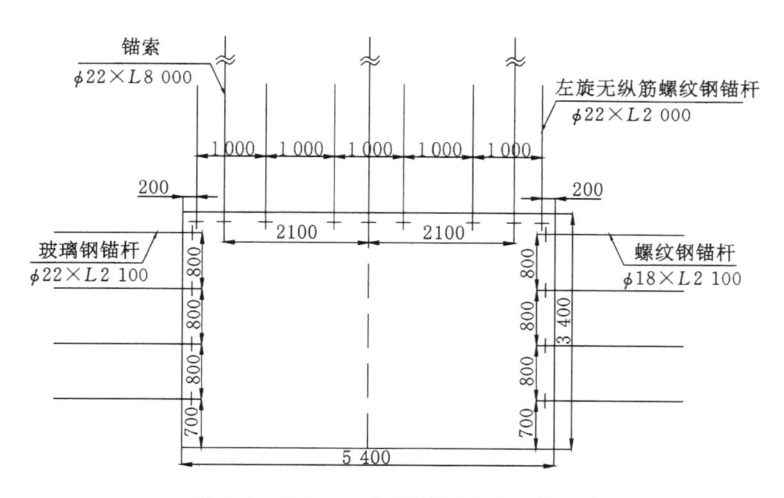

图 5-1 22205 工作面回风巷道支护参数

顶板支护：锚杆间排距 1 000 mm×1 000 mm，一排 6 根，垂直巷道中线平行布置，每排两端顶锚杆中心距巷帮 200 mm，型号为 $\phi22$ mm×$L2$ 000 mm 左旋无纵筋螺纹钢锚杆；顶网采用 5 200 mm×1 100 mm 四点焊钢筋网片，钢筋直径 6.5 mm，网孔尺寸 150 mm×150 mm，顶网片连接后两边缘形成一条直线，距巷帮 100 mm；锚索间排距 2 100 mm×2 000 mm，每排 3 根，型号为 $\phi22$ mm×$L8$ 000 mm；钢带采用 4 600 mm×140 mm×8 mm 五孔 Π 型钢带，垂直巷道中线平行布置，两端头距巷帮 400 mm。顶板支护参数平面设计图如图 5-2 所示。

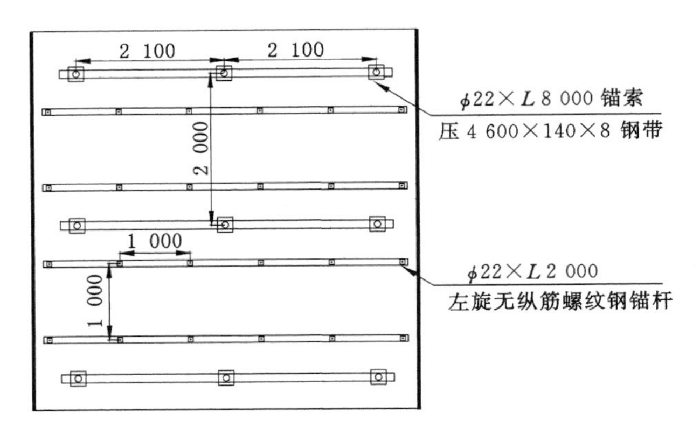

图 5-2　22205 工作面回风巷道顶板支护参数平面设计图

煤壁帮支护：锚杆每米 1 排，每排 4 根，采用“四排矩形”布置方式，第一行锚杆中心距顶板 300 mm，第二行锚杆中心距第一行锚杆中心 800 mm，第三行锚杆中心距第二行锚杆中心 800 mm，第四行锚杆中心距第三行锚杆中心 800 mm，第四行锚杆中心距底板 700 mm，锚杆型号为 ϕ22 mm×L2 100 mm 玻璃钢锚杆，锚杆圆托盘压 500 mm×200 mm×50 mm 木托盘，木托盘采用“一横三竖”布置方式，第一行木托盘为横向布置，其余为纵向布置；帮网采用 3 400 mm×1 100 mm 高强度塑料网，网孔尺寸为 40 mm×40 mm，帮网与顶网搭接 200 mm，网片下边缘距底板 200 mm，两塑料网搭接 100 mm，用双股 14# 铅丝扭结，扭结点呈“三花”迈步式布置，间距 100 mm，两塑料网搭接处必须用木托盘压实，塑料网与顶网搭接处用 Π 型钢带压实。

煤柱帮支护：锚杆每米 1 排，每排 4 根，采用“四排矩形”布置方式，第一行锚杆中心距顶板 300 mm，第二行锚杆中心距第一行锚杆中心 800 mm，第三行锚杆中心距第二行锚杆中心 800 mm，第四行锚杆中心距第三行锚杆中心 800 mm，第四行锚杆中心距底板 700 mm，锚杆型号为ϕ18 mm×L2 100 mm 螺纹钢锚杆，锚杆碟形托盘放正，压 500 mm×200 mm×50 mm木托盘，木托盘采用“一横三竖”布置方式，第一行木托盘为横向布置，其余为纵向布置；帮网采用 3 400 mm×1 100 mm 10# 铅丝网，网孔尺寸 45 mm×45 mm，帮网与顶网搭接 200 mm，网片下边缘距底板不大于 200 mm，两铅丝网搭接 100 mm，用双股 14# 铅丝扭结，扭结点呈“三花”迈步式布置，间距 100 mm，两铅丝网搭接处必须用木托盘压实，铅丝网与顶网搭接处用 Π 型钢带压实。

5.2　支护强度对重复采动巷道围岩塑性区的影响

为得到支护强度与留巷塑性破坏范围之间的关系，现就支护强度对围岩塑性区影响的相关问题进行研究。文献[142-146]给出了锚索的力学性能和参数，留巷所采用的锚杆-锚索支护体结构及其力学参数如表 5-1 所示。采用 FLAC^{3D} 软件中内置的 cable 结构单元模拟与现场实际相符的锚杆-锚索力学参数，支护模型中的巷道围岩力学参数与前文相同，支护模型如图 5-3 所示。

表 5-1 锚杆-锚索支护体结构及其力学参数

	直径/mm	长度/mm	锚固长度/mm	预紧力/kN	弹性模量/GPa	拉断力/kN
螺纹钢锚杆(顶板)	22	2 000	1 000	70	200	186
螺纹钢锚杆(煤柱帮)	18	2 100	1 000	70	200	186
玻璃钢锚杆(煤壁帮)	22	2 100	1 000	60	20	120
锚索(顶板)	22	8 000	2 000	150	100	500

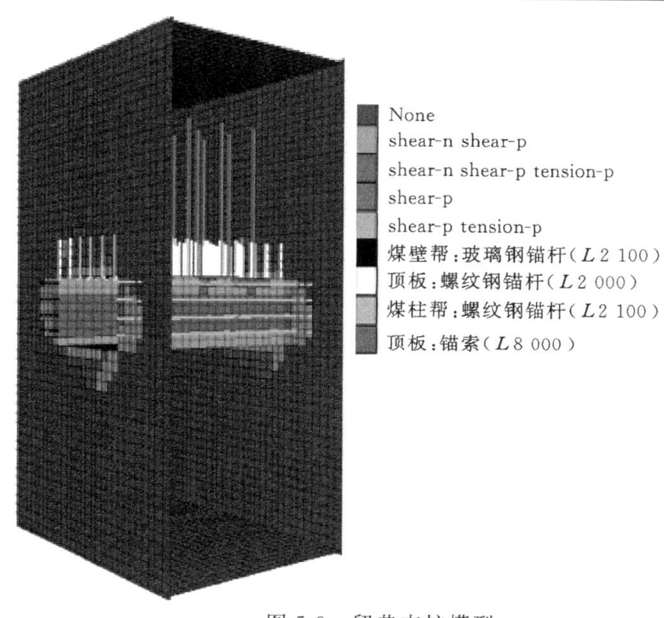

图 5-3 留巷支护模型

为了研究支护强度对巷道围岩变形的影响作用,运用数值模拟方法对巷道顶板进行不同支护强度的对比试验,在两帮依然采用原支护方案设计参数,对巷道围岩塑性区形态进行分析。方案一:留巷顶板支护设计及支护体力学参数采用原支护设计方案,支护强度为0.23 MPa。方案二:每排补强 6 根锚杆;锚索间距不变,排距变为 1 m;支护强度为0.46 MPa。方案三:在方案二的基础上每排补强 12 根锚杆;每排增加 3 根锚索,排距仍为 1 m;支护强度为 0.92 MPa。具体试验方案如表 5-2 所示。

表 5-2 不同方案顶板支护参数与支护强度

支护材料	方案一			方案二			方案三		
	间排距/mm	数量/(根/排)	支护强度/MPa	间排距/mm	数量/(根/排)	支护强度/MPa	间排距/mm	数量/(根/排)	支护强度/MPa
ϕ22 mm×2 000 mm 锚杆	1 000×1 000	6	0.23	450×1 000	12	0.46	210×1 000	24	0.92
ϕ22 mm×8 000 mm 锚索	2 100×2 000	3		2 100×1 000	3		1 000×1 000	6	

当采用方案一的支护参数时，巷道围岩塑性区形态及支护情况如图 5-4 所示。由图 5-4(a)可以看出，在原支护参数条件下，巷道顶、底板塑性区深度分别为 2.5 m 和2 m，两帮塑性区深度均为 2 m，巷道围岩塑性区表现为非对称分布形态。

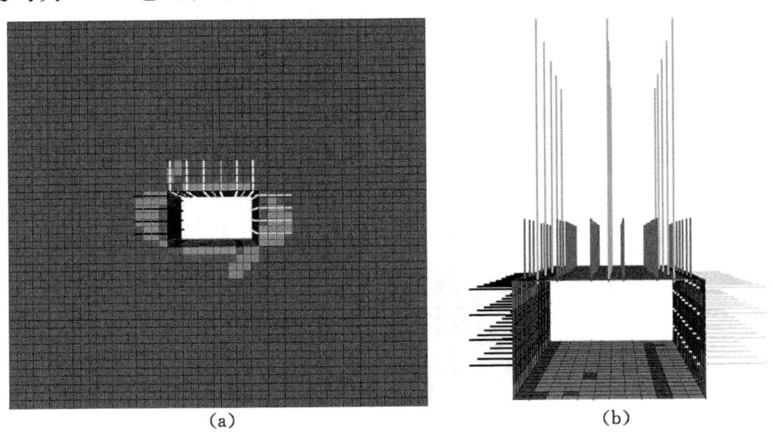

(a) 巷道围岩塑性区形态；(b) 巷道围岩支护情况。

图 5-4　支护强度为 0.23 MPa 时巷道围岩塑性区形态及支护情况

当采用方案二的支护参数时，支护强度为 0.46 MPa，巷道围岩塑性区形态及支护情况如图 5-5 所示。对比图 5-4(a)与图 5-5(a)可以看出，在顶板支护强度提高 1 倍后，巷道顶、底板及两帮塑性区深度及分布形态均没有改变。

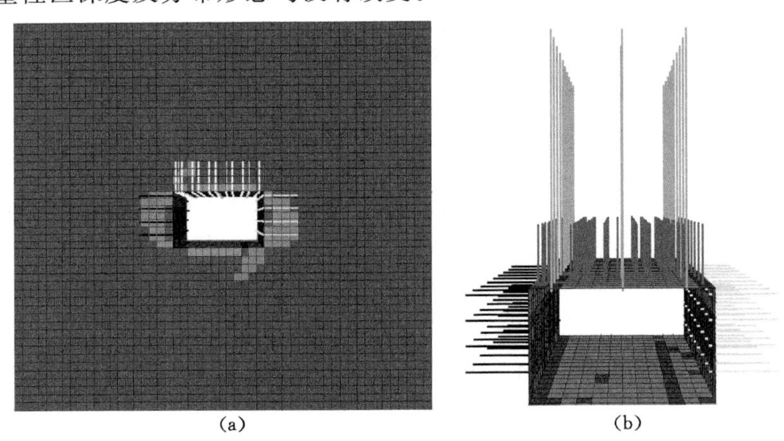

(a) 巷道围岩塑性区形态；(b) 巷道围岩支护情况。

图 5-5　支护强度为 0.46 MPa 时巷道围岩塑性区形态及支护情况

当采用方案三的支护参数时，支护强度为 0.92 MPa，巷道围岩塑性区形态及支护情况如图 5-6 所示。对比图 5-5(a)与图 5-6(a)可以看出，当顶板支护强度在方案二的基础上提高 1 倍后，巷道顶、底板及两帮塑性区深度仍旧没有改变，而巷道顶板塑性区范围略有减小。

随着支护强度的不断增加，巷道围岩塑性区形态、深度及范围基本没有发生改变。而支护强度为 0.46 MPa 时，即巷道每米布置 12 根锚杆及 3 根锚索，现场支护已很难达到。

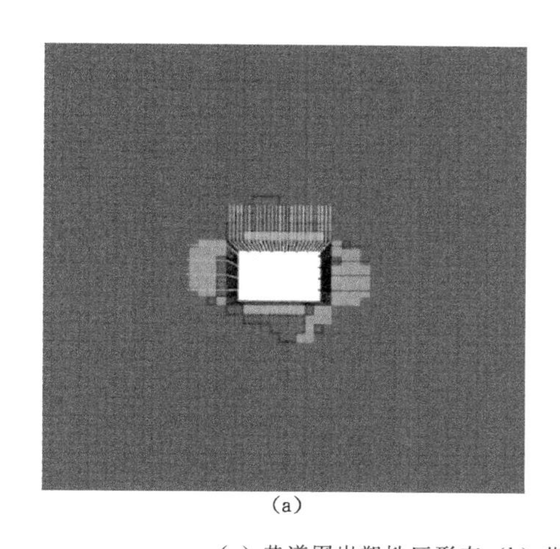

(a)

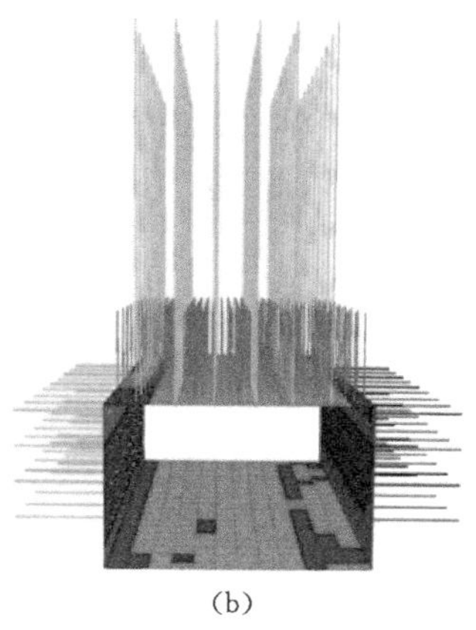

(b)

(a) 巷道围岩塑性区形态；(b) 巷道围岩支护情况。

图 5-6　支护强度为 0.92 MPa 时巷道围岩塑性区形态及支护情况

由前文分析结果可知，留巷受采动影响，其围岩应力可达到十几兆帕，而支护强度根本无法增大到同一数量级，从而导致支护根本无法达到明显改善围岩应力状态的作用，巷道围岩塑性区主要受采动引起的叠加应力场控制，处于一种“采动给定”状态。因此，在现有的工程支护条件下，支护强度并不能明显减小围岩的塑性区尺寸以及改变围岩塑性区的分布形态。因此，在巷道围岩稳定控制上，不能简单地通过增加锚杆及锚索数量来达到提高支护强度，进而改变巷道围岩变形的目的。

5.3　神东矿区重复采动巷道围岩支护对策分析

由前文分析结果可知，回采巷道采用锚网索支护方式，对于改善围岩塑性区形态及深度的影响有限。因此，需要针对神东矿区双巷布置工作面的特点，总结合理的支护理念，提出合理的巷道围岩控制方法。

由前文对神东矿区开采条件统计分析可知，神东矿区采深平均约为 182 m，属于浅埋煤层；开采工作面长度平均约为 289 m，采高平均为 4.18 m，开采强度较大；留巷高度平均约为 5.5 m，巷道宽度平均约为 3.4 m，为大断面巷道。基于神东矿区开采强度大、留巷断面大的特点，结合重复采动巷道围岩塑性破坏显著性分析结果，减小工作面长度及增大煤柱宽度是解决留巷围岩变形破坏问题最行之有效的方法。

根据神东矿区特有的工作面条件，需要提出针对性强的控制措施。分别选取补连塔煤矿 2-2 煤 22304 工作面、大柳塔煤矿 2-2 煤 22614 工作面、布尔台煤矿 4-2 煤 42106 工作面辅运巷道，利用重复采动巷道围岩塑性破坏深度预测系统软件进行塑性破坏深度预测，结合主控因素显著性分析结果，调整开采设计及支护设计等措施以控制巷道围岩稳定。示例留巷主控因素及塑性破坏深度预测结果见表 5-3。

表 5-3　示例留巷主控因素及塑性破坏深度预测结果

矿名	开采煤层	工作面名称	位置	采深/m	采高/m	煤柱宽度/m	工作面长度/m	巷道高度/m	黏聚力/MPa	内摩擦角/(°)	抗拉强度/MPa	弹性模量/GPa	塑性破坏深度预测值/m
大柳塔煤矿	2-2 煤	22614	顶板	120	5	20	210	4.2	20	22	3	6.5	0.225
			底板						22	24	2.8	7.6	0.102
			煤柱帮						—	—	—	—	1.296
			煤壁帮						—	—	—	—	0.083
补连塔煤矿	2-2 煤	22304	顶板	190	6.1	18	300	4.2	28	29	6.6	6.8	2.545
			底板						20	30	4.2	8.6	3.312
			煤柱帮						—	—	—	—	4.492
			煤壁帮						—	—	—	—	4.921
布尔台煤矿	4-2 煤	42106	顶板	360	6.5	24	300	3.8	28	27	6.6	10.6	5.570
			底板						11	32	1.9	6.9	3.795
			煤柱帮						—	—	—	—	5.136
			煤壁帮						—	—	—	—	5.479

由表 5-3 可知，三个不同的工作面留巷围岩塑性破坏深度相差很大，大柳塔煤矿 22614 工作面留巷塑性破坏深度较小，顶、底板及煤壁帮几乎没有产生塑性破坏，只有煤柱帮塑性破坏深度较大，但没有超过普通锚杆长度；补连塔煤矿 22304 工作面留巷底板及两帮塑性破坏深度较大，顶板则较小；布尔台煤矿 42106 工作面留巷围岩塑性破坏深度在顶、底板及两帮都很大。因此，需要基于不同的工作面留巷围岩塑性破坏深度，制定差异化的巷道支护及围岩变形控制措施，主要从调整开采条件及支护参数两方面着手。

针对大柳塔煤矿 22614 工作面留巷围岩塑性破坏深度预测情况，从调整开采条件方面考虑，可以适当加大工作面开采强度，在煤厚及采高不变的情况下，增加工作面长度，从而提高煤炭采出率；由第 3 章有关煤柱尺寸对留巷围岩塑性区形态影响的分析可知，调整煤柱宽度，可有效调节留巷围岩所受应力的大小及方向，对留巷围岩塑性破坏及其分布形态具有很好的调节作用，因此，可以考虑减小煤柱宽度，以达到减少煤炭损失的目的。在采用调整开采条件方法的同时，应用预测系统软件对巷道围岩塑性破坏深度进行预判，并通过现场观测留巷围岩受采动影响变形程度及支护体情况，以防止调控过度而造成巷道失稳；调整支护参数，根据“防悬顶”的支护原则，在原支护参数的基础上，合理降低顶板及煤壁帮支护密度，减小锚索长度，在保证安全生产的同时降低支护成本，从而实现安全高效的目的。

根据补连塔煤矿 22304 工作面留巷围岩塑性破坏深度预测情况，并结合现场实际情况可知，巷道围岩变形较大，尤其底鼓较为严重。首先，调整开采条件，适当减小工作面开采长度，或增加煤柱宽度，从前文分析结果可知，只有从根本上改变留巷围岩应力大小及方向，从而改变围岩塑性破坏深度及形态，才能达到减小留巷围岩变形的目的。其次，调整支护参数，根据“控两帮”的支护原则，在原支护参数的基础上，在两帮补强长度超过塑性破坏深度的锚索，从而防止片帮现象，提高围岩的自稳能力，保证安全生产。

根据布尔台煤矿 42106 工作面留巷围岩塑性破坏深度预测结果可知，留巷围岩变形量大，难以控制。结合现场实际情况，调整开采条件，适当减小工作面长度，或增加煤柱宽度；应用预测系统软件对新的设计方案进行评判，以达到减小留巷围岩变形的目的。

在无法通过调控开采条件控制巷道围岩变形的情况下，可采取“防冒顶”的控制原则。针对巷道支护问题，国内外专家、学者提出了“先控再让后支”的支护理念，并在此基础上对支护体系中各支护单元的支护时机进行研究，以充分发挥各支护单元的支护特点和优势，以达到更佳的支护效果[147-150]。锚杆(索)具有如下特性：锚索具有较高的承载能力，延伸率较低，为3.5%左右[151-152]，无法承受围岩的大变形；而普通的螺纹钢锚杆虽然具有较高的延伸率，但锚固长度有所限制，无法锚固在深部较稳定的岩层中。因此，采用在顶板及两帮围岩变形量较大的位置补打锚索的方法，从而使原支护体适应受一次采动影响巷道围岩破碎而产生的膨胀变形，提高塑性区内岩体自稳能力。若不及时采取补强措施，则有锚杆(索)失效，致使顶板冒落的危险。

应采用符合重复采动巷道特点的补强支护方式，确定合理的支护时间及位置。巷道围岩补强支护合理支护时间及位置的确定，关键是补强支护不能再受强采动影响，否则补强后支护体依然面临失效问题。由留巷受两次采动影响围岩塑性区演化规律可知，留巷在一次采动工作面后方受采动影响逐渐变形破坏，进入滞后影响阶段，围岩受力状态及塑性区范围、形态、深度保持稳定，直到二次采动工作面超前影响阶段前方，此阶段维护距离和周期都很长。二次采动期间，留巷受影响范围较小，以 22205 工作面回风巷道为例，大约为 20 m，在此阶段通常采用超前液压支架进行加强支护。因此，补强支护时间为留巷进入一次采动滞后影响稳定阶段后，补强支护位置根据此阶段内留巷围岩变形破坏情况及支护体失效程度进行确定。

综上所述，根据重复采动巷道围岩塑性区演化规律，针对神东矿区浅埋深、强采动的特点，对不同开采条件及地质条件，利用留巷围岩塑性破坏深度预测系统软件进行塑性破坏深度预测，提出巷道围岩差异化控制方法：当留巷受一次采动影响围岩塑性破坏深度较小时，以“防悬顶”为重点，调整支护参数；当塑性破坏深度在两帮及底板较大，无法调整开采条件时，以“控两帮”为重点，防止片帮现象；当塑性破坏深度在顶、底板及两帮均很大时，以“防冒顶”为重点，对顶板进行补强支护，补强支护的时间和位置是其有效性的根本保证。调整开采条件，能够从根本上改变留巷围岩应力大小及方向，从而改变留巷围岩塑性破坏深度及形态，保证安全生产。

5.4 重复采动巷道围岩控制方法

5.4.1 重复采动巷道支护失效形式及支护技术分析

22205 工作面回风巷道采用锚网索支护形式，锚杆(索)的支护性能对于巷道围岩的控制效果具有重要影响。根据前文的巷道表面移近量观测及顶板钻孔窥视结果可知，留巷受 22204 工作面开采的影响围岩变形量较大，在 22204 工作面停采线位置及其后方 1 200 m 范围内围岩变形破坏最为明显。22205 工作面回风巷道支护体失效现象如图 5-7 至图5-10 所示。

图 5-7　顶板锚索断裂掉落

由图 5-7 可以看出，顶板锚索在锁具端被拉断、掉落，分析原因是留巷顶板下沉量较大，而锚索延伸率低，当顶板下沉量大于锚索最大伸长量时，锚索被拉断。

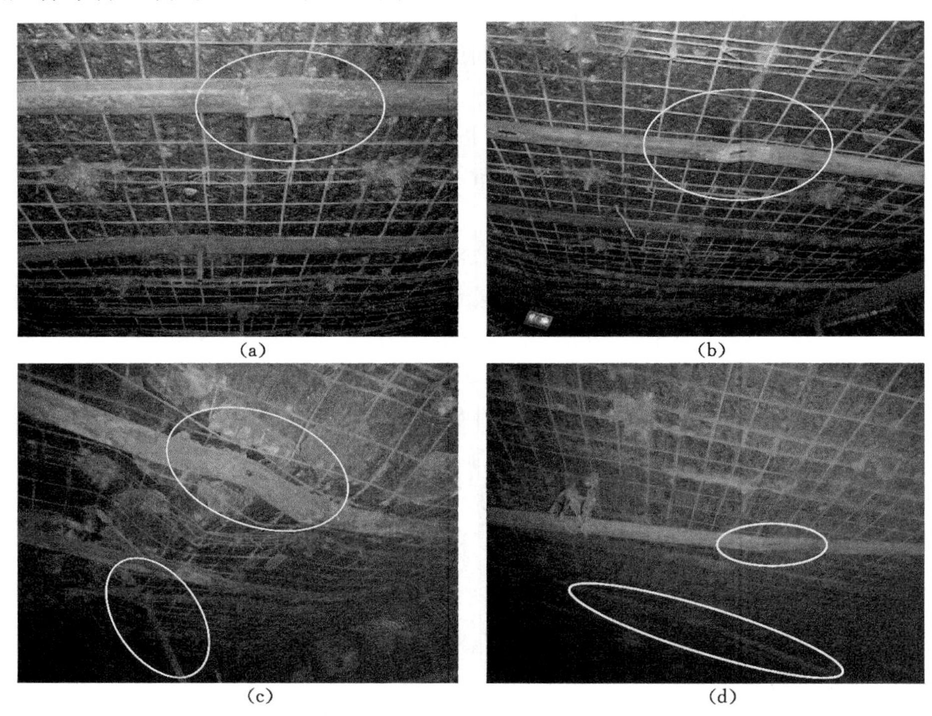

(a) 锚索锁具即将脱落；(b) 锚索锁具已脱落；(c) (d) 锚索锁具脱落且钢带失效。

图 5-8　顶板锚索锁具失效

由图 5-8 可以看出，锚索锁具脱落失效。留巷顶板下沉量大，变形严重，致使锁具受到的拉力增大，从而使锁具滑脱，并使钢带失效。

由图 5-9 可以看出，顶板下沉变形，致使锚索受到较大的拉力，而锁具受力面积较小，加

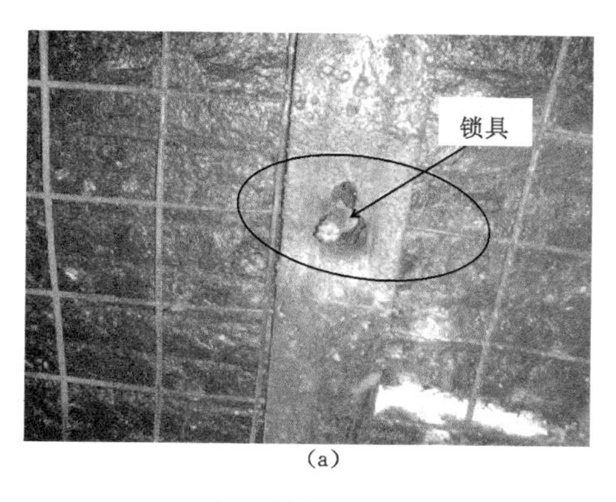

(a)

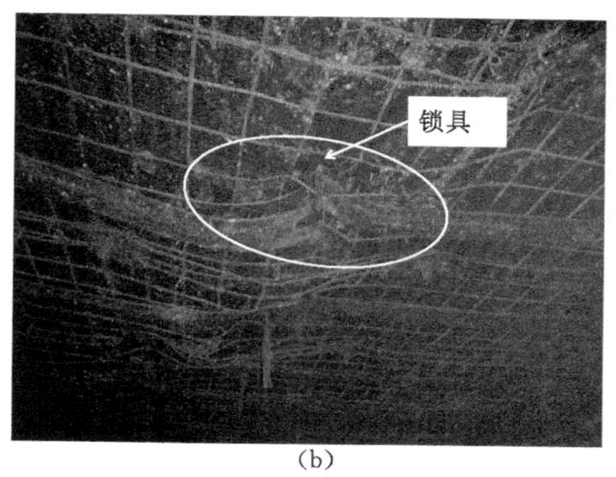

(b)

(a) 锚索锁具钻入煤体内部;(b) 钢带断裂,锚索锁具钻入煤体内部。

图 5-9 顶板锚索钻入煤体内部

之煤体破碎及钢带托盘腐蚀,锚索整体被拽进煤体内。

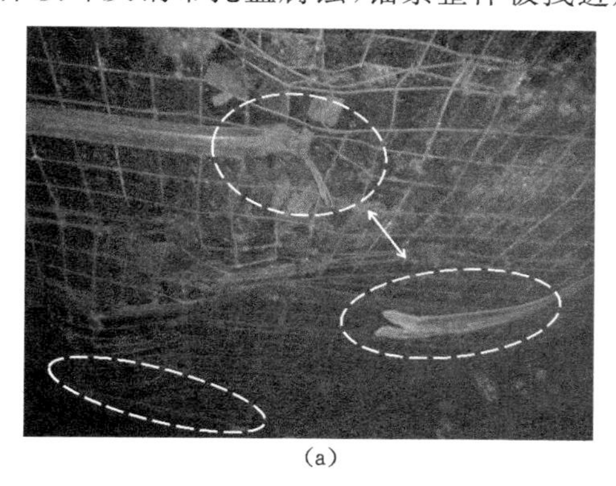

(a)

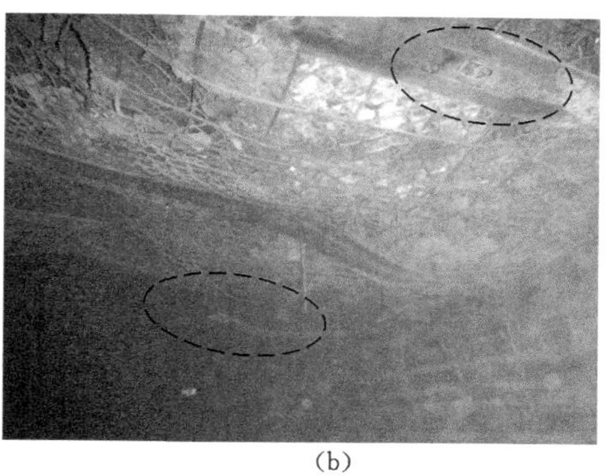

(b)

(a) 钢带断裂失效;(b) 钢带断裂及锁具脱落。

图 5-10 钢带失效

由图 5-10 可以看出,顶板下沉变形严重,加之锚索的锚固作用,致使钢带撕裂、脱落以及锁具脱落,从而造成钢带失效。

在观测期间,锚杆失效现象不明显,这是由于锚杆长度不足,无法延伸到巷道围岩的稳定岩层,浅部围岩下沉变形量未达到锚杆的最大伸长量。由锚索失效形式判断,锚杆对浅部围岩能够加以控制,但预防不了巷道冒顶事故。

根据前文分析结果可知,22205 工作面回风巷道在受 22204 工作面采动影响期间未出现冒顶现象,说明巷道支护设计能够满足一次采动顶板变形控制要求。但由锚杆(索)支护失效观测结果可知,锚索大面积失效,不加以控制会导致巷道冒顶事故,因此,需要采取补强支护措施。

5.4.2 重复采动巷道补强支护效果分析

22205 工作面回风巷道在经历一次采动后,巷道围岩逐步进入滞后稳定影响阶段。观测表明,留巷在 22204 工作面停采线位置至其后方 1 200 m 范围内,围岩变形较大,顶板下沉及支护体失效严重，因此，对此段巷道顶板进行锚索补强支护。由对留巷围岩塑性区的分析可知，此时 22204 工作面不再向前推进，在补强支护范围内的留巷处于初期调整阶段及滞后剧烈影响阶段，留巷围岩应力不再发生变化，围岩塑性区形态及深度都已稳定，因此，在此范围内进行补强支护比较合理。由现场观测的围岩变形及支护体失效形式，结合前文钻孔窥视结果可知，留巷受一次采动影响围岩塑性破坏深度可达 3～5 m，原支护方案采用的8 m长锚索满足支护要求，因此，确定顶板补强支护锚索长度仍为 8 m。

现场补强支护方案为：补强支护采用 ϕ22 mm×L8 000 mm 锚索，在原锚索支护一排三根的基础上，补打两根锚索，配合 200 mm×140 mm×8 mm 铁托盘，压原支护 Π 型钢带施工，在已失效锚索附近重新补锚索，配合 300 mm×300 mm×16 mm 铁托盘施工。在原锚索支护排距为 2 m 的基础上，在每两排中间补打一排三根锚索，间排距为 2 100 mm×2 000 mm，每排锚索采用 4 600 mm×140 mm×8 mm 五孔 Π 型钢带，配合 200 mm×140 mm×8 mm Π 型托盘施工，最终顶锚索排列为“3、5、3、5”形式，排距为 1 m，顶板补强支护设计如图 5-11 所示，现场补强支护效果如图5-12所示。

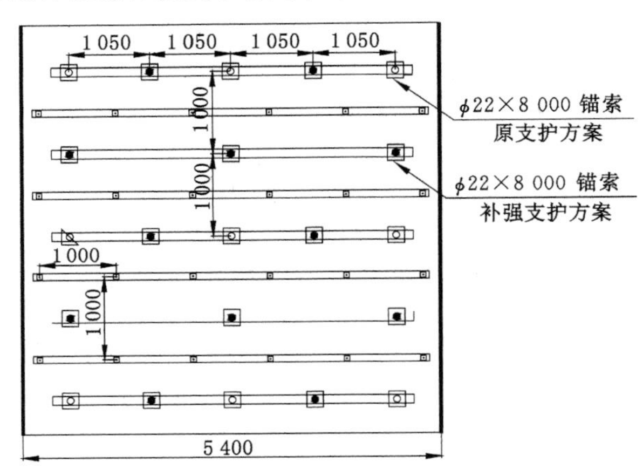

图 5-11　22205 工作面回风巷道顶板补强支护设计平面图

根据现场实际情况，如出现顶板变形较为严重而无法施工钢带区域，则可在该区域施工单锚索加强支护，支护方式为 ϕ22 mm×8 000 mm 锚索配合 300 mm×300 mm×16 mm 铁托盘，如图 5-12(a)所示；如出现顶板下沉将原支护顶网破坏的情况，则施工锚索前在破损顶网处补挂 10# 铅丝网，连网时绑丝间排距为 400 mm×400 mm，如图 5-12(d)所示。

在 22205 工作面回风巷道补强支护后，对其顶板围岩活动情况进行监测。本次现场监测测站分别布置在距 22204 工作面停采线 740 m、923 m、990 m 和 1 150 m 处，在巷道顶板中部安设多基点位移监测仪，监测仪安装两个测点（深度分别为 4 m 和 8 m），测站布置如图 5-13所示。

补强支护前监测点顶、底板移近量如图 5-14 所示。每天读取并记录多基点位移监测仪数据（共计 17 天数据），绘制成曲线如图 5-15 所示。将相同位置顶、底板移近量与补强支护后多基点位移监测仪所测得数据进行对比分析。

由图 5-14 和图 5-15 可知：A 点在补强支护前的顶、底板移近量为 71.1 cm；在补强支护后的前 7 天，监测范围内的岩层有所下沉，7 天以后基本稳定不变，监测结果表明，0～4 m

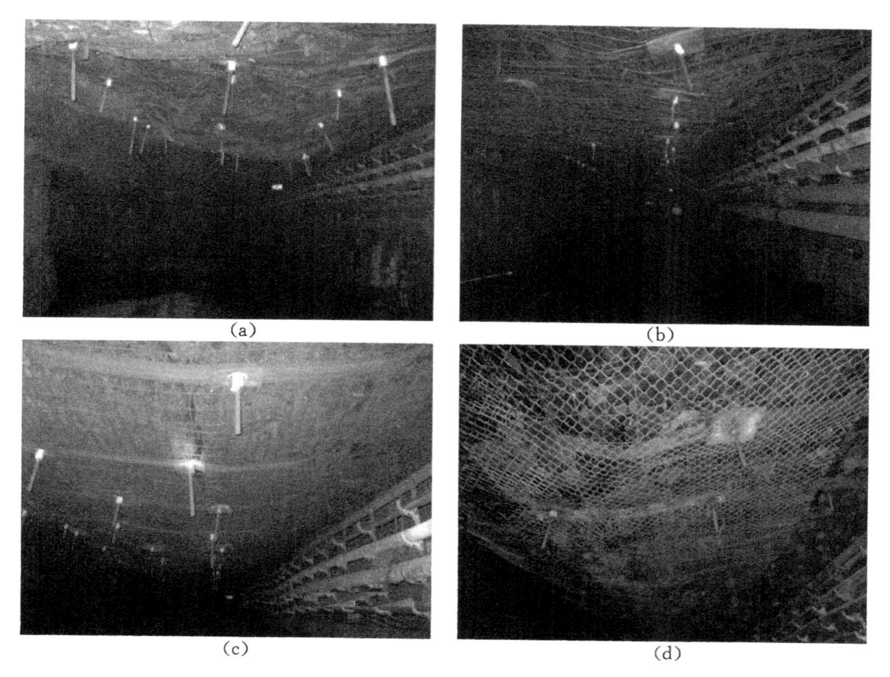

(a) 锚索失效最严重处；(b) 锚索失效较严重处；(c) 锚索失效较轻处；(d) 顶网破坏处。

图 5-12　22205 工作面回风巷道顶板补强支护效果

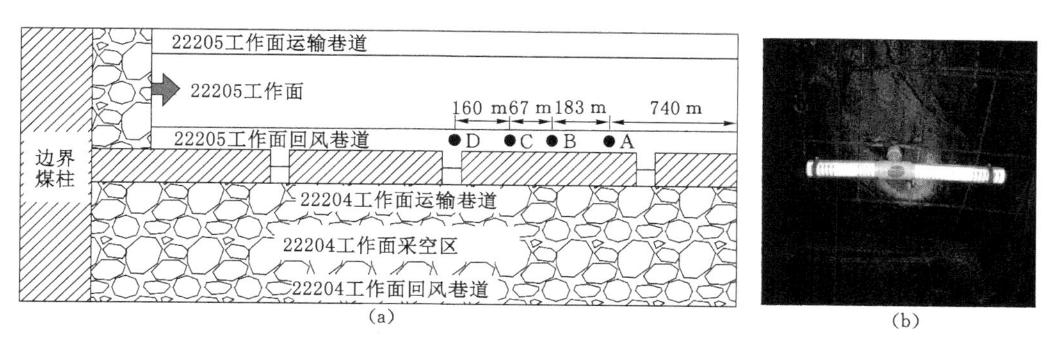

(a) 测站布置；(b) 多基点位移监测仪安装效果。

图 5-13　多基点位移监测仪测站布置

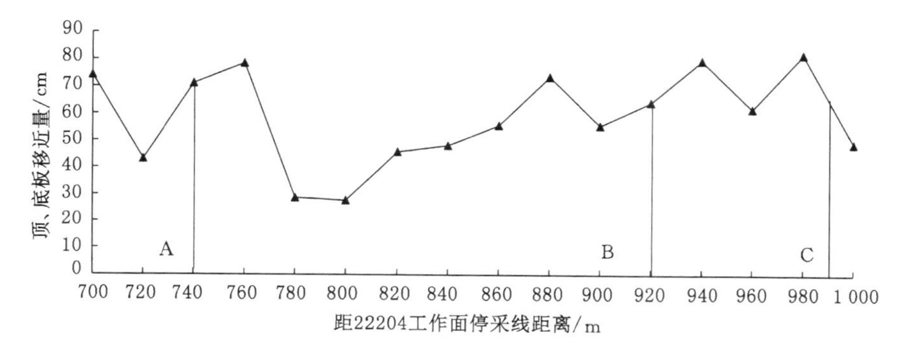

图 5-14　补强支护前顶、底板移近量曲线

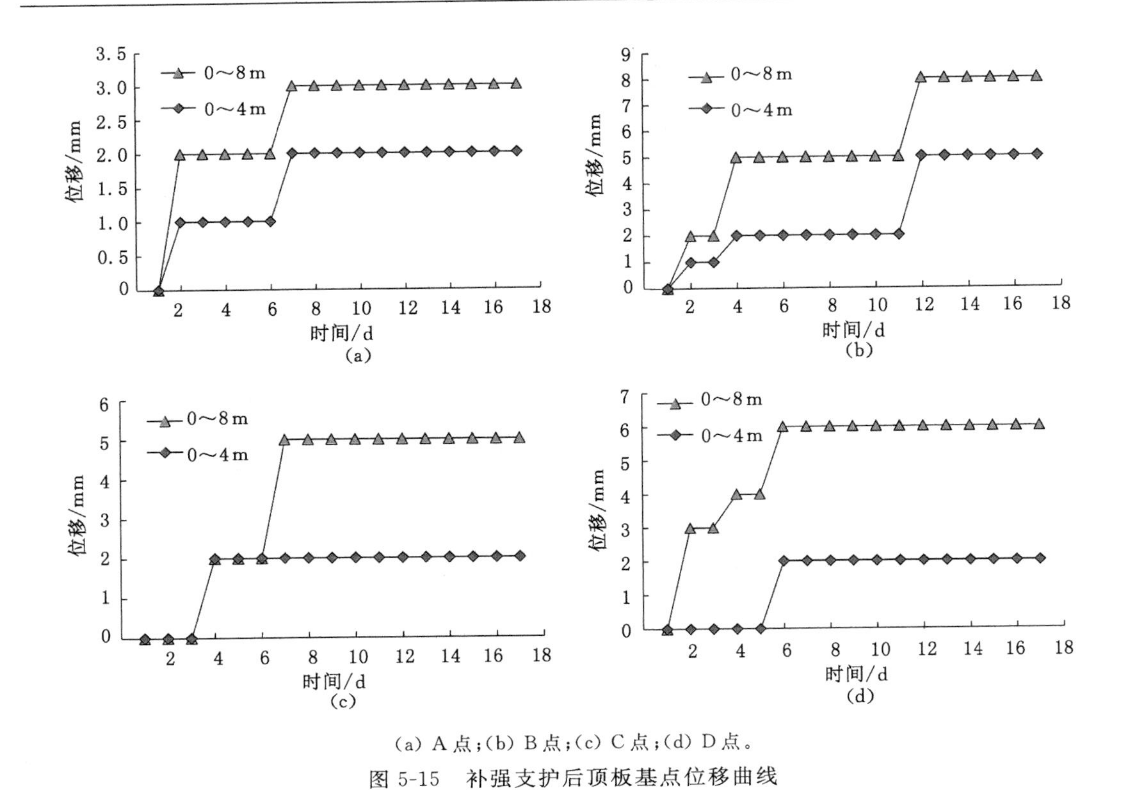

(a) A点；(b) B点；(c) C点；(d) D点。

图 5-15　补强支护后顶板基点位移曲线

位置的岩层位移较大(2 mm)，约占总位移的66.7%，4～8 m 位置的岩层只产生 1 mm 的位移。B点在补强支护前的顶、底板移近量为 64.3 cm；在补强支护后的前 4 天，顶板各深度的岩层下沉速度非常快，顶板发生明显的下沉，12 天以后基本趋于稳定，监测结果表明，0～4 m位置的岩层位移较大(5 mm)，约占总位移的 62.5%，4～8 m 位置的岩层发生 3 mm 的位移。C点在补强支护前的顶、底板移近量约为 61 cm；在补强支护后的前 6 天，0～4 m 位置的岩层产生 2 mm 的位移，而在第 7 天 4～8 m 处顶板发生 3 mm 的位移，8 天后基本趋于稳定，监测结果表明，此位置浅部和深度的岩层均产生较大的位移。D点在补强支护后的前 5 天，顶板深孔监测的岩层产生 4 mm 位移，第 6 天浅部产生 2 mm 位移，8 天以后顶板岩层趋于稳定。

综合分析图 5-14 和图 5-15 可以看出，在补强支护前巷道顶、底板移近量较大，在采动稳定且补强支护后，在监测周期前 8 天内顶板产生小幅度的变形，随着观测的进行，在监测后期顶板位移较为平缓，浅部顶板下沉量明显要高于深部的。结合顶板窥视结果可知，顶板主要在浅部 5 m 范围内较破碎，在整个观测周期内顶板下沉量较小，在补强锚索的最大伸长量范围内。因此，采用锚索补强支护顶板可以有效控制破碎围岩体的垮落，减小巷道冒顶风险，保证回采期间巷道安全。

参考文献

[1] 侯朝炯,郭励生,勾攀峰,等.煤巷锚杆支护[M].徐州:中国矿业大学出版社,1999:12-16,186-189.

[2] 钱鸣高,石平五,许家林.矿山压力与岩层控制[M].2版.徐州:中国矿业大学出版社,2010.

[3] 徐玉胜.大采高工作面巷道布置方式[J].煤矿开采,2009,14(3):19-22.

[4] 柏建彪.沿空掘巷围岩控制[M].徐州:中国矿业大学出版社,2006:1-12.

[5] 王安.现代化亿吨矿区生产技术[M].北京:煤炭工业出版社,2005:152-160.

[6] 伊茂森.神东矿区浅埋煤层关键层理论及其应用研究[D].徐州:中国矿业大学,2008.

[7] 吴玉国.神东矿区综采工作面采空区常温条件下CO产生与运移规律研究及应用[D].太原:太原理工大学,2015.

[8] 高进,贺海涛.厚煤层综采一次采全高技术在神东矿区的应用[J].煤炭学报,2010,35(11):1888-1892.

[9] 缪协兴,王长申,白海波.神东矿区煤矿水害类型及水文地质特征分析[J].采矿与安全工程学报,2010,27(3):285-291.

[10] 鞠金峰,许家林,朱卫兵,等.神东矿区近距离煤层出一侧采空煤柱压架机制[J].岩石力学与工程学报,2013,32(7):1321-1330.

[11] 康红普,颜立新,郭相平,等.回采工作面多巷布置留巷围岩变形特征与支护技术[J].岩石力学与工程学报,2012,31(10):2022-2036.

[12] 侯圣权,靖洪文,杨大林.动压沿空双巷围岩破坏演化规律的试验研究[J].岩土工程学报,2011,33(2):265-268.

[13] 刘洪涛,吴祥业,镐振,等.双巷布置工作面留巷塑性区演化规律及稳定控制[J].采矿与安全工程学报,2017,34(4):689-697.

[14] 陈苏社,朱卫兵.活鸡兔井极近距离煤层煤柱下双巷布置研究[J].采矿与安全工程学报,2016,33(3):467-474.

[15] 马添虎.双巷布置工作面回风顺槽变形破坏研究[J].陕西煤炭,2014,33(5):4-6.

[16] 赵双全.双巷布置工作面宽煤柱留巷矿压规律研究[J].煤,2015,24(3):39-41.

[17] 谭凯,孙中光,林引,等.双巷布置综采工作面煤柱合理宽度研究[J].煤炭工程,2017,49(3):8-10.

[18] 董文敏.多巷布置在高瓦斯矿井的应用[J].煤矿开采,2008,13(3):20-21.

[19] 霍锋斌.突出矿井多巷连掘工作面合理煤柱尺寸留设数值分析[J].煤炭技术,2015,34(5):69-71.

[20] 郗新涛，曹其嘉，陈勇，等.基于沿空留巷的双巷布置数值模拟研究及应用[J].煤炭技术，2018，37(1)：38-41.
[21] 贾韶华.近距离煤层下层煤双巷布置围岩变形规律研究[J].山西煤炭，2013，33(11)：41-43.
[22] 李永恩，镐振，李波，等.双巷布置留巷围岩塑性区演化规律及补强支护技术[J].煤炭科学技术，2017，45(6)：118-123.
[23] 刘文静，黄克军，耿耀强，等.多巷布置条件下巷道围岩控制数值模拟及应用研究[C]//佚名.煤矿绿色高效开采技术研究：陕西省煤炭学会 2016 年学术年会论文集，2016：366-371.
[24] 张广超，何富连.大断面强采动综放煤巷顶板非对称破坏机制与控制对策[J].岩石力学与工程学报，2016，35(4)：806-818.
[25] 乔懿麟，黄克军，耿耀强，等.采动影响下沿空留巷底板非对称性底鼓变形研究[J].煤炭技术，2017，36(7)：94-96.
[26] 张文彬.采煤工作面推进过程中采场围岩的应力分布[J].岩石力学与工程学报，1987，6(2)：165-174.
[27] 王金安，焦申华，谢广祥.综放工作面开采速率对围岩应力环境影响的研究[J].岩石力学与工程学报，2006，25(6)：1118-1124.
[28] 谷拴成，陈盼，王建文，等.采空区下煤层开采矿压显现规律实测研究[J].煤炭工程，2013(9)：64-67.
[29] 谢广祥，王磊.采场围岩应力壳力学特征的工作面长度效应[J].煤炭学报，2008，33(12)：1336-1340.
[30] 杨科，谢广祥.深部长壁开采采动应力壳演化模型构建与分析[J].煤炭学报，2010，35(7)：1066-1071.
[31] 谢和平，张泽天，高峰，等.不同开采方式下煤岩应力场-裂隙场-渗流场行为研究[J].煤炭学报，2016，41(10)：2405-2417.
[32] 姜福兴，XUN L，杨淑华.采场覆岩空间破裂与采动应力场的微震探测研究[J].岩土工程学报，2003，25(1)：23-25.
[33] 史红，姜福兴.基于微地震监测的覆岩多层空间结构倾向支承压力研究[J].岩石力学与工程学报，2008，27(增 1)：3274-3280.
[34] 成云海，姜福兴，张兴民，等.微震监测揭示的 C 型采场空间结构及应力场[J].岩石力学与工程学报，2007，26(1)：102-107.
[35] 刘金海，姜福兴，冯涛.C 型采场支承压力分布特征的数值模拟研究[J].岩土力学，2010，31(12)：4011-4015.
[36] 王新丰，高明中.不规则采场应力分布特征的面长效应[J].煤炭学报，2014，39(增刊 1)：43-49.
[37] 黄光才.采场应力变化的流固耦合模拟研究[J].科技信息，2013(26)：134-135.
[38] 王宏伟，姜耀东，杨田，等.断层构造赋存条件下采动应力场分布特征研究[J].煤炭工程，2016，48(1)：92-94.
[39] 张林洪.层状矿床采场应力分析及设计建议[J].矿业研究与开发，2000，20(2)：9-12.

[40] 石佳明,王成,郑颖人.成庄煤矿采场应力场分析[J].重庆建筑,2012,11(9):35-37.
[41] 刘金海,姜福兴,朱斯陶.长壁采场动、静支承压力演化规律及应用研究[J].岩石力学与工程学报,2015,34(9):1815-1827.
[42] 周钢,李玉寿,张强,等.陈四楼矿综采工作面采场应力监测及演化规律研究[J].煤炭学报,2016,41(5):1087-1092.
[43] HOEK E,BROWN E T.岩石地下工程[M].连志升,田良灿,王维德,等,译.北京:冶金工业出版社,1986.
[44] 汤伯森.弹塑围岩最小支护抗力和最大允许变形的估算[J].岩土工程学报,1986,8(4):81-88.
[45] 石建军,马念杰,白忠胜.沿空留巷顶板断裂位置分析及支护技术[J].煤炭科学技术,2013,41(7):35-37,42.
[46] 董方庭,宋宏伟,郭志宏,等.巷道围岩松动圈支护理论[J].煤炭学报,1994,19(1):21-32.
[47] 宋宏伟,郭志宏,周荣章,等.围岩松动圈巷道支护理论的基本观点[J].建井技术,1994(增1):3-9,95.
[48] 徐坤,王志杰,孟祥磊,等.深埋隧道围岩松动圈探测技术研究与数值模拟分析[J].岩土力学,2013,34(增刊2):464-470.
[49] 夏吉光,董方庭.巷道收敛变形与围岩松动圈的关系[J].建井技术,1993(2):39-40,47.
[50] 靖洪文,李元海,梁军起,等.钻孔摄像测试围岩松动圈的机理与实践[J].中国矿业大学学报,2009,38(5):645-649,669.
[51] 肖明,张雨霆,陈俊涛,等.地下洞室开挖爆破围岩松动圈的数值分析计算[J].岩土力学,2010,31(8):2613-2618.
[52] 谷拴成,樊琦,王建文,等.层状岩体巷道顶板冒落拱高度计算方法研究[J].煤炭工程,2012,44(12):73-76.
[53] 卢宏建,李占金,甘德清.处理空区冒落拱模型的建立[J].河北理工学院学报,2005,5(27):7-10.
[54] 缪协兴.自然平衡拱与巷道围岩的稳定[J].矿山压力与顶板管理,1990,7(2):55-57.
[55] 何富连,刘亮,钱鸣高.综采面直接顶块状松散岩体冒顶之分析与防治[J].煤,1995,4(4):7-10.
[56] 何富连,钱鸣高,尚多江,等.综采工作面直接顶碎裂岩体冒顶机理及其控制[J].中国矿业大学学报,1994,23(2):18-25.
[57] 于学馥,乔端.轴变论和围岩稳定轴比三规律[J].有色金属,1981(3):8-15.
[58] 于学馥.轴变论与围岩变形破坏的基本规律[J].铀矿冶,1982,1(1):8-17,7.
[59] 徐付军.软岩巷道支护理论研究与发展[J].中国高新技术企业,2014(19):104-105.
[60] 杨雪强,何世秀,高桐.对巷道开孔卸载参数的研究[J].岩土力学,1995,16(1):46-53.
[61] 王建军.从弹塑性力学的角度谈软岩巷道支护理论[J].机械管理开发,2014,29(1):16-17,37.
[62] 钱七虎,李树忱.深部岩体工程围岩分区破裂化现象研究综述[J].岩石力学与工程学

报,2008,27(6):1278-1284.
[63] 贺永年,张后全.深部围岩分区破裂化理论和实践的讨论[J].岩石力学与工程学报,2008,27(11):2369-2375.
[64] 黄林华.深部隧道围岩分区破裂化机理研究与数值模拟[D].湘潭:湖南科技大学,2012.
[65] 陈昊祥.深部巷道围岩分区破裂非线性连续相变模型的数值研究[D].北京:北京建筑大学,2016.
[66] 高富强,康红普,林健.深部巷道围岩分区破裂化数值模拟[J].煤炭学报,2010,35(1):21-25.
[67] 宋韩菲.深部岩体分区破裂化机理研究[D].重庆:重庆大学,2012.
[68] 刘洪涛,马念杰.煤矿巷道冒顶高风险区域识别技术[J].煤炭学报,2011,36(12):2043-2047.
[69] MA N J,HE C J.A research into plastic zone of surrounding strata of gateway effected by mining abutment stress[C]//Proceeding of the 32nd U.S. Symposium on Rock Mechanics,1990.
[70] 陈炎光,陆士良.中国煤矿巷道围岩控制[M].徐州:中国矿业大学出版社,1994.
[71] 马念杰,侯朝炯.采准巷道矿压理论及应用[M].北京:煤炭工业出版社,1995.
[72] 赵志强,马念杰,郭晓菲,等.大变形回采巷道蝶叶型冒顶机理与控制[J].煤炭学报,2016,41(12):2932-2939.
[73] 李季,马念杰,赵志强.回采巷道蝶叶形冒顶机理及其控制技术[J].煤炭科学技术,2017,45(12):46-52.
[74] 马念杰,郭晓菲,赵志强,等.均质圆形巷道蝶型冲击地压发生机理及其判定准则[J].煤炭学报,2016,41(11):2679-2688.
[75] 赵志强,马念杰,郭晓菲,等.煤层巷道蝶型冲击地压发生机理猜想[J].煤炭学报,2016,41(11):2689-2697.
[76] 景锋,盛谦,张勇慧,等.我国原位地应力测量与地应力场分析研究进展[J].岩土力学,2011,32(增刊2):51-58.
[77] 贾后省,马念杰,朱乾坤.巷道顶板蝶叶塑性区穿透致冒机理与控制方法[J].煤炭学报,2016,41(6):1384-1392.
[78] 谢生荣,李世俊,黄肖,等.深部沿空巷道围岩主应力差演化规律与控制[J].煤炭学报,2015,40(10):2355-2360.
[79] 李元鑫,朱哲明,范君黎.主应力方向对围岩稳定性的影响[J].岩土工程学报,2014,36(10):1908-1914.
[80] 任奋华,来兴平,蔡美峰,等.破碎岩体巷道非对称破坏与变形规律定量预计与评价[J].北京科技大学学报,2008,30(3):221-226,232.
[81] 黄万朋,王龙蛟,张阳阳,等.深部巷道非对称变形与围岩强度及空间结构关系[J].煤矿安全,2014,45(10):39-42.
[82] 黄万朋.深井巷道非对称变形机理与围岩流变及扰动变形控制研究[D].北京:中国矿业大学(北京),2012.

[83] 韦四江,勾攀峰,王满想.深井大断面动压回采巷道锚网支护技术研究[J].地下空间与工程学报,2011,7(6):1216-1221.

[84] 赵飞.深部缓倾斜软岩巷道非对称变形机理及稳定性控制研究[D].太原:太原理工大学,2015.

[85] 陈登红,华心祝,段亚伟,等.深部大变形回采巷道围岩拉压分区变形破坏的模拟研究[J].岩土力学,2016,37(9):2654-2662.

[86] 辛亚军,勾攀峰,贠东风,等.大倾角软岩回采巷道围岩失稳特征及支护分析[J].采矿与安全工程学报,2012,29(5):637-643.

[87] 贾蓬,唐春安,杨天鸿,等.具有不同倾角层状结构面岩体中隧道稳定性数值分析[J].东北大学学报,2006,27(11):1275-1278.

[88] 刘万光.埋深及断面形状对巷道围岩应力及位移分布规律的影响[J].山东煤炭科技,2017(10):11-13.

[89] 杨军,孙晓明,王树仁.济宁 2# 煤深部回采巷道变形破坏规律及对策研究[J].岩石力学与工程学报,2009,28(11):2280-2285.

[90] 周志阳.断面形状对深井巷道围岩稳定性的影响[J].内蒙古煤炭经济,2017(20):136-138.

[91] 孙小康,王连国,朱双双,等.采空区下回采巷道非对称变形研究[J].煤炭工程,2014,46(3):72-75.

[92] 韩帅,孙达,金珠鹏,等.不同屈服准则下回采巷道区段煤柱的合理宽度[J].煤矿安全,2018,49(2):189-193.

[93] 金淦,王连国,李兆霖,等.深部半煤岩回采巷道变形破坏机理及支护对策研究[J].采矿与安全工程学报,2015,32(6):963-967.

[94] 李家卓,张继兵,侯俊领,等.动压巷道多次扰动失稳机理及开采顺序优化研究[J].采矿与安全工程学报,2015,32(3):439-445.

[95] 侯朝炯,勾攀峰.巷道锚杆支护围岩强度强化机理研究[J].岩石力学与工程学报,2000,19(3):342-345.

[96] 陆士良,汤雷,杨新安.锚杆锚固力与锚固技术[M].北京:煤炭工业出版社,1998.

[97] 袁和生.煤矿巷道锚杆支护技术[M].北京:煤炭工业出版社,1997.

[98] 康红普,王金华,林健.煤矿巷道支护技术的研究与应用[J].煤炭学报,2010,35(11):1809-1814.

[99] 马念杰,赵志强,冯吉成.困难条件下巷道对接长锚杆支护技术[J].煤炭科学技术,2013,41(9):117-121.

[100] 刘洪涛,王飞,蒋力帅,等.顶板可接长锚杆耦合支护系统性能研究[J].采矿与安全工程学报,2014,31(3):366-372.

[101] 吴学震,王刚,蒋宇静,等.拉压耦合大变形锚杆作用机理及其试验研究[J].岩土工程学报,2015,37(1):139-147.

[102] 加肖尔,周叔良.喷射混凝土支护[J].国外金属矿采矿,1988(7):79-81,69.

[103] 程良奎.喷射混凝土(一):喷射混凝土的最新发展与施工工艺[J].工业建筑,1986(1):49-56.

[104] 覃道雄.可缩性支架的使用经验与经济分析[J].煤炭科学技术,1989(11):45-46.
[105] 王波.U 型钢可缩性支架的使用[J].煤炭技术,2007,26(12):23-24.
[106] 尤春安.U 型钢可缩性支架的稳定性分析[J].岩石力学与工程学报,2002,21(11):1672-1675.
[107] 刘加旺.锚杆锚索联合支护原理及应用[J].陕西煤炭,2009,28(2):63-64,66.
[108] 何成滔,王小林.锚杆锚索联合支护机理及应用[J].煤炭技术,2011,30(1):64-65.
[109] 乔卫国,孟庆彬,林登阁,等.深部软岩巷道锚注联合支护技术研究[J].西安科技大学学报,2011,31(1):22-27.
[110] 王振,刘超,张建新,等.深部软岩底鼓巷道锚注联合支护技术[J].煤炭科学技术,2012,40(8):24-27.
[111] 李学彬,杨仁树,高延法,等.杨庄矿软岩巷道锚杆与钢管混凝土支架联合支护技术研究[J].采矿与安全工程学报,2015,32(2):285-290.
[112] 任利龙.金佳煤矿石门过软岩联合支护技术的应用[J].矿业安全与环保,2008,35(2):54-55.
[113] 何礼品.望峰岗矿井回采巷道联合支护技术[J].山西建筑,2010,36(25):135,162.
[114] 陈杨.焦家寨矿全煤巷道锚网索联合支护技术研究[D].北京:煤炭科学研究总院,2014.
[115] 陈育民,徐鼎平.FLAC/FLAC3D 基础与工程实例[M].2 版.北京:中国水利水电出版社,2013.
[116] 蒋力帅.工程岩体劣化与大采高沿空巷道围岩控制原理研究[D].北京:中国矿业大学(北京),2016.
[117] 蒋力帅,武泉森,李小裕,等.采动应力与采空区压实承载耦合分析方法研究[J].煤炭学报,2017,42(8):1951-1959.
[118] BAI M,KENDORSKI F S,VAN ROOSENDAAL D.Chinese and North American high-extraction underground coal mining strata behavior and water protection experience and guidelines[C]//Proceedings of the 14th International Conference on Ground Control in Mining,1995.
[119] PENG S S,CHIANG H S.Longwall mining[M].[S.l.:s.n.],1984.
[120] 夏彬伟,龚涛,于斌,等.长壁开采全过程采场矿压数值模拟方法[J].煤炭学报,2017,42(9):2235-2244.
[121] 张自政.沿空留巷充填区域直接顶稳定机理及控制技术研究[D].徐州:中国矿业大学,2016.
[122] SALAMON M.Mechanism of caving in longwall coal mining[C]//Rock Mechanics Contribution and Challenges: Proceedings of the 31st US Symposium of Rock Mechanics,1990.
[123] YAVUZ H.An estimation method for cover pressure re-establishment distance and pressure distribution in the goaf of longwall coal mines[J].International journal of rock mechanics and mining sciences,2004,41(2):193-205.
[124] 白庆升,屠世浩,袁永,等.基于采空区压实理论的采动响应反演[J].中国矿业大学学

报,2013,42(3):355-361,369.

[125] 师修昌.煤炭开采上覆岩层变形破坏及其渗透性评价研究[D].徐州:中国矿业大学,2016.

[126] 杨桂通.弹塑性力学引论[M].北京:清华大学出版社,2004.

[127] 李季.深部窄煤柱巷道非均匀变形破坏机理及冒顶控制[D].徐州:中国矿业大学,2016.

[128] 贾后省.蝶叶塑性区穿透特性与层状顶板巷道冒顶机理研究[D].徐州:中国矿业大学,2015.

[129] 徐芝纶.弹性力学简明教程[M].北京:高等教育出版社,2002.

[130] 赵维生,韩立军,张益东.垂直交岔点扰动主应力变化规律及围岩稳定性研究[J].采矿与安全工程学报,2015,32(1):90-98.

[131] 于学馥,郑颖人,刘怀恒,等.地下工程围岩稳定分析[M].北京:煤炭工业出版社,1983.

[132] 赵志强.大变形回采巷道围岩变形破坏机理与控制方法研究[D].北京:中国矿业大学(北京),2014.

[133] 马念杰,赵希栋,赵志强,等.深部采动巷道顶板稳定性分析与控制[J].煤炭学报,2015,40(10):2287-2295.

[134] 郭晓菲,马念杰,赵希栋,等.圆形巷道围岩塑性区的一般形态及其判定准则[J].煤炭学报,2016,41(8):1871-1877.

[135] 李桂臣,张农,王成,等.高地应力巷道断面形状优化数值模拟研究[J].中国矿业大学学报,2010,39(5):652-658.

[136] 袁越,王卫军,袁超,等.深部矿井动压回采巷道围岩大变形破坏机理[J].煤炭学报,2016,41(12):2940-2950.

[137] 谢广祥,杨科,刘全明.综放面倾向煤柱支承压力分布规律研究[J].岩石力学与工程学报,2006,25(3):545-549.

[138] 杨永康,李建胜,康天合,等.浅埋厚基岩松软顶板综放采场矿压特征工作面长度效应[J].岩土工程学报,2012,34(4):709-716.

[139] 闫帅,柏建彪,卞卡,等.复用回采巷道护巷煤柱合理宽度研究[J].岩土力学,2012,33(10):3081-3086,3150.

[140] 司鑫炎,王文庆,邵文岗.沿空双巷合理煤柱宽度的数值模拟研究[J].采矿与安全工程学报,2012,29(2):215-219.

[141] 陈魁.试验设计与分析[M].北京:清华大学出版社,2005.

[142] 韩洪亮.玻璃钢锚杆杆体主要性能的试验分析[J].煤炭科学技术,2005,33(4):67-69.

[143] 杨振茂,马念杰,孔恒,等.玻璃钢锚杆的试验研究[J].煤炭科学技术,2002,30(2):42-45.

[144] 马念杰,张玉,陈刚,等.新型玻璃钢锚杆研究[J].煤矿开采,2001(4):45-47.

[145] 白晓宇.GFRP 抗浮锚杆锚固机理试验研究与理论分析[D].青岛:青岛理工大学,2015.

[146] 赵庆彪.深井破碎围岩煤巷锚杆—锚索协同作用机理研究[D].北京:中国矿业大学(北京),2004.

[147] 张志康,王连国,单仁亮,等.深部动压巷道高阻让压支护技术研究[J].采矿与安全工程学报,2012,29(1):33-37.

[148] 王飞,刘洪涛,张胜凯,等.高应力软岩巷道可接长锚杆让压支护技术[J].岩土工程学报,2014,36(9):1666-1673.

[149] 侯朝炯团队.巷道围岩控制[M].徐州:中国矿业大学出版社,2013.

[150] 李术才,王琦,李为腾,等.深部厚顶煤巷道让压型锚索箱梁支护系统现场试验对比研究[J].岩石力学与工程学报,2012,31(4):656-666.

[151] 詹平.高应力破碎围岩巷道控制机理及技术研究[D].北京:中国矿业大学(北京),2012.

[152] 赵庆彪,侯朝炯,马念杰.煤巷锚杆-锚索支护互补原理及其设计方法[J].中国矿业大学学报,2005,34(4):490-493.